出發吧！科學露營車 1

洞穴地質與生態

高隈智（고은지）著 趙勝衍（조승연）繪 劉小妮 譯

國立彰化師範大學工業教育與技術學系博士 **施政宏** 專業審定

作者的話

如果在大家眼前出現一臺「可以去任何地方的露營車」，你們會想去哪裡呢？光是聽到「露營」這兩個字，就會令人感到興奮，腦中馬上浮現許多想去的地方吧？我也是如此。

樹林茂密的深山很棒，有清澈溪水流過的溪谷也很好；可以挖到蛤蜊烤來吃的淺灘，也是露營的好場所。

人們之所以喜歡露營，是因為可以擺脫嘈雜的都市，在大自然裡讓身體和心靈好好地放鬆。對於好奇心旺盛的人來說，還會發現比起透過書本和影片，這是在大自然中親自體驗和學習的大好機會。

啊！有些小朋友聽到「學習」，是不是就聯想到令人厭煩的上課，馬上皺起臉來呢？不用擔心，大自然不只是我們的老師，也是我們的朋友，在大自然裡學習，能比任何遊戲獲得更多樂趣喔！

這本書的主要人物——佳藍和佳英，在第一次的露營地發現了洞穴。提到「洞穴」總給人一片漆黑又陰森森的感覺，很難鼓起勇氣進去看看。

一開始，佳藍和佳英也是如此。不過他們在探險的過程中放下了偏見，明白「洞穴」也是我們要好好保護的重要場域。當我們的眼睛能夠不帶偏見，開始觀察洞穴之後，就會發現洞穴意想不到、神祕且美麗的一面。

在洞穴中，有著我們無法想像、歷經漫長歲月累積而形成的洞穴生成物，還有屬於這個生態系的許多洞穴生物。

大家是否對洞穴中藏著哪些故事感到好奇呢？請跟著佳藍和佳英一起搭上露營車去尋找洞穴吧！本次科學露營車的目的地是洞穴探險之旅，只需要準備好一顆好奇的心就可以出發了。對了，行事出乎意料又膽小的爸爸和舅舅，也請多多關照啦！

高㻗智

目錄

登場人物

韓佳藍　國小六年級男生

食量大、有點厚臉皮，個性好勝，卻經常輸給妹妹韓佳英。雖然不太可靠而且膽小，但還是一天到晚嚷著要扮演好哥哥這個角色。偶爾會冒出令人意外的點子，在危急時刻幫助大家脫險。

韓佳英　國小五年級女生

比韓佳藍小一歲，完全遺傳了媽媽的乾脆性格。說話討厭拐彎抹角、有話直說的性格，常被身邊的人認為難以伺候。雖然才國小五年級，但想法早熟、知道很多事情，非常機靈，可以彌補其他三個人（爸爸、哥哥和舅舅）的散漫。

爸爸

對自己的陸軍特種兵出身深感自豪！雖然現在是平凡的上班族，但是嚮往投入大自然的懷抱。興趣是每個週末看電視節目《我也是自然人》，於是偷偷用存了好幾年的私房錢，瞞著太太買了一臺中古露營車。

媽媽

比起露營，更喜歡去渡假飯店，所以選擇不去這次的露營之旅。但是為了讓佳藍和佳英在露營時，也可以有所學習，便運用手上的所有資源做了《科學體驗報告》。處事嚴謹，不太會犯錯，但是一旦沉迷滑手機或是追劇時，就會出現可趁之機。

舅舅

媽媽唯一的弟弟。好奇心旺盛，同時也很膽小。為了成為科學家，曾經想攻讀博士，但成績不佳只好放棄。現在正經營著一個科學 YouTube 頻道，介紹各種科學知識，目前訂閱者只有78人。最大目標是獲得白銀級創作者獎，所以不論去到哪裡，都會隨身帶著相機。

爸爸的浪漫露營車

露營車
旅行

序章

出乎意料的新成員——露營車來了

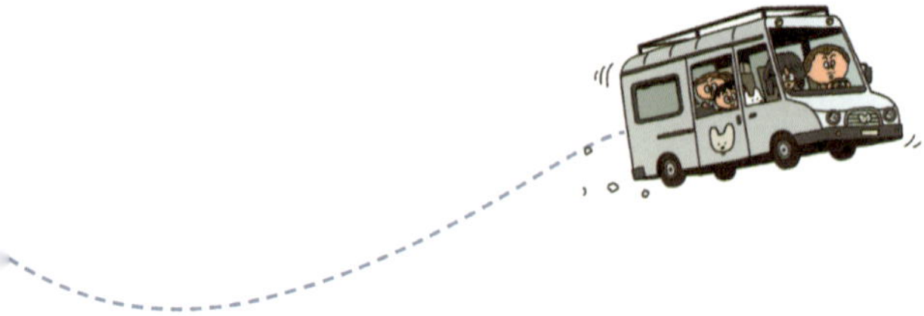

那是在暑假來臨前的某個週末，家裡跟平時並沒有什麼不同，氣氛平和地度過週末早晨——當然，我是指在發生「那件事情」之前。

爸爸躺在沙發上，看著電視重播的《我也是自然人》節目；媽媽則是坐在一旁，熟練地滑著手機。如果有「智慧型手機打字比賽」的話，她肯定會是第一名。我看著媽媽用快到無法看清手指頭的速度打字，簡直是嘆為觀止。

我也跟著爸爸一起看《我也是自然人》，因為覺得重播有點無聊，於是站起來走去廚房。每當我感到無聊或沒有什麼事情可以做的時候，就會習慣性地去開冰箱看有沒有什麼東西吃。

「韓佳藍！關上冰箱！你不是剛剛才吃過早餐？」

不出所料，耳邊馬上傳來媽媽的嘮叨聲。隨後響起妹妹佳英的聲音，音量更大。

「哎呀，哥哥！你不知道吃太多零食，是現代兒童肥胖的最大主因嗎？」

佳英一定百分之百遺傳到了媽媽，不然怎麼可能做的事情和說話口氣都這麼相似？媽媽心滿意足地看著佳英。

就在這個時候，原本一動不動、緊盯著電視的爸爸，突然悄悄坐了起來，小心翼翼地移到媽媽身邊。平常總是很自豪地跟我們長篇大論，炫耀自己以前當特種兵時，受過多少嚴格訓練的爸爸，只要面對媽媽，就會莫名變得超級溫馴。

「親愛的，我有話要說……」

「什麼？」

我馬上察覺到異樣——爸爸態度如此乖順，肯定是犯了什麼大錯，或是想要拜託媽媽什麼事。

雖然爸爸很努力地保持鎮定，但是就連我也感覺得出來他現在相當緊張。

「其……其實呀。我的夢想是親近大自然，體驗跟大自然融為一體的生活，妳也知道吧？」

「知道，當然知道。所以我也說過了吧，等孩子們都長大了，不再需要照顧的時候，你想在大自然的懷抱裡待多久都可以。」

「對，是沒錯！不過，我的年齡越來越大，全身上下都可以感受到體力正在慢慢下降。再這樣下去，是不是我的畢生夢想就無法實現了？最近公司有位同事說，可以把自己的露營車用很便宜的價格賣給我……」

媽媽才聽到這裡，便馬上斬釘截鐵地說：

「不行！」

「什麼！為什麼？」

「你是真的不知道才問嗎？現在光是讓孩子們去上補習班，我們就已經勒緊腰帶了。最近我正在替佳藍和佳英找科學體驗教室，我們就更需要精打細算！」媽媽說著，聲音分貝越來越高。

可能是因為媽媽的反對力道比預期得更強烈，爸爸馬上洩了氣，一句話也沒有多說。氣氛有點尷尬，我跟佳英互相使了眼色，找尋可以悄悄逃回房間的機會。沒想到，就在這時候，爸爸居然反

擊了！

「那個科學體驗教室還是什麼的，如果我可以帶孩子去露營，帶來更好的科學體驗，是不是就可以了！坐在教室裡面聽老師講課，然後死記硬背，算什麼學習？再說，我以前讀書時，每次科學都是考第一名！」

原本絲毫不肯點頭的媽媽，某一邊眉毛好像動了動。看來，她完全沒料到爸爸會出這一招。見到媽媽並沒有馬上出聲反對，爸爸立刻乘勝追擊。

「我帶佳藍和佳英去露營的話，對孩子們的情緒發展也會有很大的幫助，這點妳一定也很清楚！而且我帶孩子們出去露營的時候，妳也可以去做自己想做的事情，像是跟朋友見面，或是好好享受一個人的時光……是不是？如果是我，一定覺得超棒的！」

爸爸剛說完，媽媽的臉上就出現了若隱若現的微笑。再這樣下去的話，是不是爸爸就要獲勝了？但是，如果這麼輕易就可以被說服的話，「媽媽」就不是媽媽了。

最後，媽媽只說她會好好想一想。爸爸雖然充滿自信地大聲對媽媽說：「慢慢想！」但臉上還是藏不住焦慮不安的表情。

兩天後，媽媽把所有人都叫到客廳。爸爸坐在沙發上，緊張地吞了吞口水，看著媽媽的嘴巴。

「我同意買露營車！」

媽媽的話才出口，爸爸馬上高舉雙手大聲喊「萬歲！」天呀，我的耳膜都快要被震破了。不過，媽媽顯然還沒說完，她繼續說道。

「如同爸爸之前承諾的，露營必須是以你們能夠學習『沉浸式的科學體驗』為目標，所以露營地點要由我決定。我會透過科學體驗團體收集資訊、參考網路最新的情報，選出最適合學習科學的露營地點。佳藍和佳英在露營期間也必須完成《科學體驗報告》的任務……」

媽媽一邊說著，一邊揮動手中那本《科學體驗報告》。

啊！天呀……媽媽果然不可能輕易地放過我們。我被媽媽的周密安排嚇得合不攏嘴，爸爸也是萬萬沒想到媽媽會開出如此條件，露出勉為其難的表情。

我拿過那本超級厚的報告，翻開第一頁，上面密密麻麻地寫著露營時一定要遵守的事項。

〔媽媽的囑咐〕
露營時必須遵守的規則
1. 每天早上一定要先確認天氣。
2. 熄火之後，不能馬上離開現場。
3. 第一次看到的植物或昆蟲，只能用眼睛觀察。
4. 吃完食物之後，一定要收拾乾淨。（因為有可能因此被野豬攻擊）
5. 睡前一定要寫好報告書。
…

沒有目的地的露營？

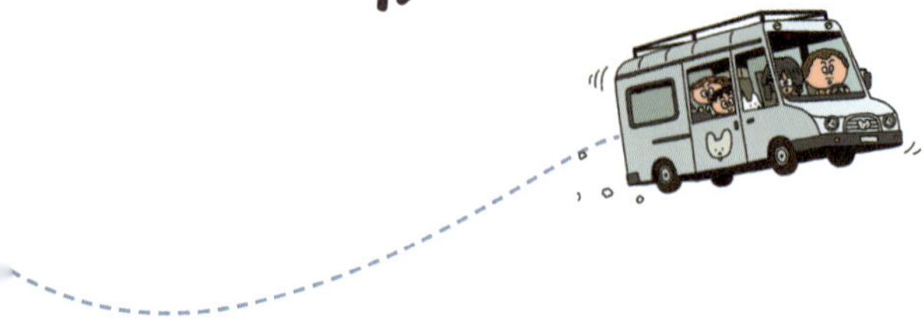

等待已久的出發日終於到了。

不過，我們還不知道自己要去哪裡露營，雖然媽媽早在露營車的導航系統內輸入目的地，但是並沒有告訴我們。光是想到即將出發去某個地方旅行，我的內心便充滿激動。

就在我們把行李放上露營車的時候，只見遠處有個人急急忙忙地跑過來，邊跑邊喊著佳英的名字。那是誰？

「唉喲，時間挑得剛剛好吧？如果我再晚點來的話，可能就無法跟大家一起出發了。呼，好險！」

原來是舅舅！他背著一個超大的後背包，氣喘吁吁地說著。

看著突然冒出來的舅舅，媽媽開口問道：「怎麼沒先說一聲，就自己跑來了？你又是怎麼知道孩子們要跟爸爸去露營的呢？」

對於媽媽的提問，舅舅低頭滑著手機像是在查東西，然後給媽媽看一張照片：「我是看到這個才知道的。」

照片裡面是爸爸站在露營車前露出全世界最幸福的表情，還比了

勝利的手勢，照片下面附上一長串的標籤。

#中年的浪漫 #露營車 #成為好爸爸 #生態探險 #我也是大自然人 #就是這週五

「天呀，這傢伙是何時拍下這種照片？簡直是大肆宣傳了。」

爸爸假裝沒有聽到媽媽的抱怨，繼續非常認真地擦拭露營車的玻璃車窗。舅舅轉身向爸爸說道：

「姊夫！你買了露營車，應該馬上跟我分享啊。再怎麼說，我也是擁有一年露營經驗的專業露營愛好者。而且只要我把露營的影片上傳到網路，訂閱者應該也會快速增加，我怎麼能夠錯過這個大好機會呢！哇喔！這就是照片中的那臺露營車！」

舅舅打開手機的錄影功能，走進露營車內，然後開始到處拍攝，而且邊拍還好像在跟某人說話。

「嗨！訂閱頻道的朋友們，這臺車子就是從現在起，要跟我一起出發的露營車。車內相當寬敞！還有可以像這樣坐下來聊天的沙發。接下來，我們看看廁所吧。天呀？這是怎麼一回事？」

只看了廁所一眼，舅舅就趕緊關掉相機，匆匆忙忙地跑去找爸爸。

「廁所是怎麼一回事？」

面對舅舅的疑問，爸爸難為情地抓了抓頭。

「啊，那個還沒有修好啦。不過我們是要去野外生活，廁所很重要嗎？反正在大自然裡面，吃喝拉撒都可以！」

爸爸大聲的解釋，可能是被他的氣勢壓倒，舅舅也只能接受。

於是包含舅舅在內，我們四個人開始了三天兩

夜的露營旅行。我們把媽媽那些落落長的叮囑拋到腦後，搭上露營車。

這趟旅行預告了暑假的開始，讓我們心情很激動，更何況現在大家都在瘋露營！我當然也想體驗看看。不過，得完成媽媽交代的任務，有點煩人就是了。

不知不覺中，露營車已經駛離都市，開上順暢的高速公路。

媽媽輸入的目的地，是在韓國江原道山區某個洞穴的附近。只是車子已經開很久了，不要說是「山」了，就連出現一個小山丘的跡象都沒有。爸爸邊開車邊嘮叨，一直懷疑這條路是否正確。

我和佳英倒是一派輕鬆，反正無論如何都會抵達，乾脆一人戴上一邊耳機，一起聽著音樂陷入夢鄉。不知道過了多久，我們突然被舅舅的大呼小叫給吵醒。

「姊夫！看那裡。那邊是不是有一座孤零零的山？」

舅舅才剛說完，導航突然發出了奇怪的聲音提示。

『請在前方三十公尺處右轉。』

「什麼？這裡還有路可以右轉嗎？」

爸爸雖然懷疑，但是導航依然發出相同指示。

『請在前方二十公尺處右轉。』

『請在前方十公尺處右轉。』

但是就如爸爸所說的，看不到可以右轉的路，周圍也完全看不到任何人跡。

「看來，你們的媽媽真打算把我們送到大自然了。」

爸爸雙手用力握住露營車的方向盤，開始往右轉。

「咔嚓！」

「咔嚓！」

車子開上荊棘叢生的路面，好像被什麼東西狠狠地刮著，四周都發出尖銳的摩擦聲，整個車子顛簸的很厲害。

「爸爸！露營車怎麼會這樣？我好暈！」我在搖搖晃晃的車內，雙手抱頭對著爸爸大喊。

「兒子，不用擔心！爸爸在當特種兵的時候呀，這種崎嶇險峻的路已經開過無數次了。既然沒有路，我就來開路吧！」

爸爸的聲音相當亢奮，真不知他的自信到底是從何而來？但不管如何，我們也別無選擇。好歹平時爸爸堅持不懈地看了那麼多集《我也是自然人》，現在只能相信他的能力了。啊，我們還有一位自稱是「專業露營愛好者」的舅舅，應該是天下無敵吧？這麼一想，我就感到安心多了。

幸好沒過多久，前方就出現了平地，導航也發出抵達目的地的聲音提示。爸爸趕緊找到一個合適的角落，把車子停好。

正當我打算跟著爸爸和舅舅下車時，佳英突然喊住了我們：

「啊，等一下！導航又跳出來新畫面了？」

是的，她沒有看錯，導航在完成道路指引之後，又跳出來一個新視窗，上面寫著兩個任務。

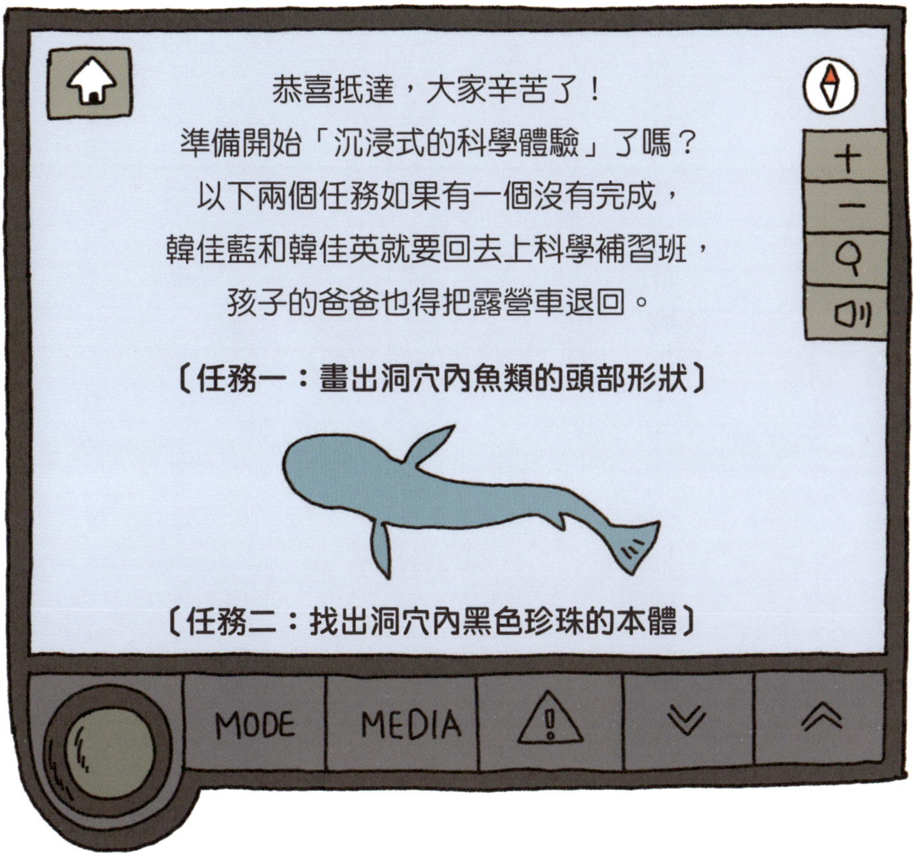
恭喜抵達，大家辛苦了！
準備開始「沉浸式的科學體驗」了嗎？
以下兩個任務如果有一個沒有完成，
韓佳藍和韓佳英就要回去上科學補習班，
孩子的爸爸也得把露營車退回。
〔任務一：畫出洞穴內魚類的頭部形狀〕
〔任務二：找出洞穴內黑色珍珠的本體〕
MODE
MEDIA

看完這段指示，爸爸氣得滿臉通紅，激動的說：「什麼？要我退回露營車？誰規定的！我這麼辛苦，好不容易才擁有了這臺露營車！佳藍、佳英，在完成任務之前，你們倆都不許回家，知道了嗎？」

爸爸都把話說到這個程度了，勝負心大爆發，他應該鐵了心，說什麼也不會讓步了。

「哥哥，快樂的露營假期泡湯了，對吧？」

「唉！說不定去科學補習班還比較好。」佳英難得跟我意見一致。

我腦中閃過在露營前夕，帶著激動心情搜尋的露營圖片：營火、

BBQ、夜晚滿天的星星……現在這些對我韓佳藍來說，簡直是奢望啊！沒想到，生平第一次的露營——居然還有任務、要做作業？

佳英可能是跟我抱著相同想法吧，雙肩就像是病殃殃的蔥，往下垂著。

「好了，好了。鬧彆扭能解決什麼問題嗎？民以食為天，我們先吃點東西，打起精神來。任務嘛！等之後再來想辦法解決也不遲。」

舅舅不愧是正面思考的代表。一聽到先吃飯，大家的眼神馬上亮了起來。

「你說得沒錯，我們先來填飽肚子吧。露營的第一餐可不能隨隨便便，要吃什麼才能發ＩＧ限動好好炫耀一番呢？」

「爸爸，露營的主角是ＢＢＱ吧？來烤五花肉吧，如何？」

嘖嘖，韓佳英啊！妳居然只能想到烤肉而已，我對佳英的建議嗤之以鼻。雖然她狠狠瞪我，但我假裝沒看到，繼續說道：

「烤肉會不會太普通了？既然都來露營了，一定要吃只有露營才能吃得到的特別料理吧？爸爸，我昨天看到媽媽把干貝包好，放在保冰袋裡了。如果再搭配奶油香煎扇貝或蝦子的話，根本就是人間美味！要不然，把雞肉和蔬菜串一串烤也很棒，或是……」

「果然！說到吃東西，我們佳藍知道的可真多。好好好，佳英說的烤五花肉，還有佳藍提議的烤扇貝、烤蝦……我們通通都吃吧！」

爸爸找到一個視野不錯的地點，搭設好了焚火臺；舅舅負責去周圍撿拾乾樹枝；我跟佳英把餐具、小菜分別擺放在餐桌上。大家分工合作，很快就做好晚餐前的準備工作。接下來，只要點燃木柴、生火就可以了！

正打算要生火的爸爸，突然坐立難安地說：

「咦，難道我沒有帶來嗎？」

「姊夫，你在找什麼？木柴在這裡呀？」

「啊，我在找助燃劑。為了能夠快速點燃木柴，我特地去買的，應該是放在家裡，忘記帶出來了。」說完，爸爸露出了尷尬的表情。

「這樣一來，這些粗木柴恐怕很難立刻點燃呢……可能必須花不少時間。」

爸爸陷入苦惱，來回踱步，過了一會兒，他好像是想出了什麼好方法，用力拍了一下膝蓋說道：「沒有助燃劑的話，我們直接自己做就行了！」

他走回露營車拿出一個點心袋，從裡面拿出一包洋芋片，打開包裝。緊接著，他把洋芋片裝滿紙杯，再將紙杯放在火爐下面。

「爸爸，您該不會是打算燒洋芋片吧？那可是我最喜歡的零食耶。」

啊，為什麼不幸的預感總是特別準確。對於我的提問，爸爸一副理所當然地點點頭說：

「叮咚！沒錯！洋芋片通常是用『棕櫚油』炸的，因此可以作為燃料使用。而且馬鈴薯炸成的洋芋片內部有很小的洞，有助於氧氣的流通，非常適合用來作為助燃劑。」

果然，被點燃的洋芋片們開始燒起來，而且火燒得非常旺盛。

「再見了，洋芋片們！我無法好好保護你們，真的非常對不起。」

我忍不住向它們揮淚道別。

靠著洋芋片火熱的犧牲，又粗又厚的木柴馬上被點燃了。爸爸先把肉片放在燒燙的鐵板上面，然後又陸續擺上扇貝、蝦子、干貝，聞起來實在是太香了，這就是所謂的山珍海味吧！

「哥哥，剛剛還在那邊哭喊著，說什麼我最愛的洋芋片怎樣怎樣的，現在未免吃得太香了吧？」

哼，她又要來跟我吵架嗎？不過，可能人在吃飽之後，就會變得比較寬容吧！我對佳英露出幸福的笑容，再次專注於享用眼前的美食。

當我把舅舅最後煮的「蔥花加蛋豪華泡麵」吃得一乾二淨之後，感覺自己擁有了全世界。沒錯，沒錯，任務等明天再來想也不遲。像這樣的露營，我要再來一百次！我拍打著撐得大大的肚子，在心裡面這樣想著。

【熱門 YouTube 露營科學】什麼是燃燒？

1
我是第一次拍影片，該怎麼做呢？
跟平常一樣就可以。要開始拍囉！Action ！
2
啊！啊！大家好！我是本頻道的特別嘉賓，將為大家介紹露營時簡單生火的方法。
00:04:61
3
想要生火，必須先瞭解「燃燒」的過程。
「燃燒」是物質遇到空氣中的氧氣，發出光和熱的燃燒現象。
4
露營時點燃木柴，就會發生燃燒現象！燃燒有三個要素。
燃燒的三要素
溫度達到燃點
氧氣
可燃燒的物質（燃料）

＊燃點：物質開始燃燒的最低溫度。

5
要燃燒又粗又厚的木柴是很困難的。訣竅是先點燃易燃的「助燃劑」，再放在木柴上起火。這時，可以使用的助燃劑就是……
6
噔噔！就是它——
食用油
廢紙
洋芋片
倒入少許食用油，將紙杯內的廢紙浸溼。
7
洋芋片含有許多脂肪，
而脂肪具有易燃性。
如果沒有助燃劑，
可以把洋芋片當成火種。
劈啪
劈啪
8
提醒！絕對不可以一個人開火或是在露營生火。務必找到安全的地方，再跟大人一起學習生火，我會好好監督大家喔！

《科學體驗報告》露營可用的助燃劑

年　　月　　日　星期

露營可用的助燃劑有哪些？

木炭

煤炭

木柴屑

固體燃料

如果這次沒有帶洋芋片的話，我們的露營大餐肯定要泡湯了。爸爸居然在這麼重要的時刻忘記帶助燃劑，真是的！幸好，我們還有洋芋片，只是我的好奇心並沒有因此獲得滿足。

露營必備品的「助燃劑」到底是什麼呢？好不容易連上網路，我查到助燃劑是幫助木柴或木炭更容易被點燃的東西。市面上的助燃劑種類繁多，到底它們擁有什麼特性導致容易燃燒呢？

1. 沒有水分，而且非常乾燥。
2. 可以起火的溫度（燃點）很低。
3. 表面有很多孔洞，可以提供氧氣流動。
4. 燃燒之後，產生的熱量（燃燒熱）很高。

我覺得助燃劑很方便，但也有危險性，如果使用時不注意，很容易造成危險。因此，即使火已經熄滅了，還是要再次檢查。

展開第一次洞穴探險

雖然現在是夏天，但是山中早晨的空氣仍非常冰冷。我想把棉被往上拉，但是不管我再怎麼用力，棉被還是文風不動。難道我還在睡夢中嗎？

「哥哥，起床啦！都來露營了，還是只會睡覺嗎？太陽都出來了！」

我好希望自己只是做夢呀！平常在家時，每個周末一大早，媽媽都會叫我起床，現在換成「迷你版媽媽」的佳英，打破了我的甜蜜夢鄉。

實在拗不過佳英的堅持，我只好半閉著眼睛，慢吞吞地走出露營車。看到爸爸和舅舅好像已經開始進行戰略會議了。

「要畫魚的臉？應該跟其他魚一樣，有兩顆圓圓的眼睛吧？我們需要特意去找嗎？大概畫一畫就好了，對吧？你覺得呢？」

爸爸用黑筆在紙上畫出魚的眼睛，然後一臉任務完成的表情。

「哎呦，姊夫！如果是這麼簡單就可以完成的話，姊姊還會出這道題目嗎？一定是跟其他魚有什麼不同之處。莫非這種魚會笑？像這樣……」

舅舅在魚的臉上，畫了看似微笑的眼睛。

聽到爸爸和舅舅的對話之後，佳英雙手叉腰開口說：「吼呦，你們真的打算就這樣隨隨便便做嗎？不入虎穴，焉得虎子。如果想完成任務的話，就一定要先進入洞穴吧！」

爸爸應該是因為佳英的話而感到難為情，假裝咳嗽了好幾聲，然後試圖解釋：「知道，我們當然知道。我們只是先想像一下而已。開始做科學實驗之前，先想像一下會出現怎樣的結果，也是非常值得嘉獎的態度吧？不是嗎？」

「當、當然了！現在想像結束了，我們來為正式的洞穴探險做準備吧。」爸爸一邊說話，一

邊和舅舅使眼色，開始動手收拾起行李。

原本還沒有完全睜開眼睛的我，聽到「洞穴探險」這句話後，整個人一下子就清醒了。他們在說什麼？要進去一片漆黑、不知道哪裡會突然冒出什麼東西的洞穴內探險嗎？意思是我即將展開生平第一次的洞穴探險？

佳英跟我的反應完全不同，她看起來一點都不害怕，眼睛連眨都不眨一下。

爸爸把洞穴探險所需的物品全部排列在地上，然後在紙上用粗大的字體寫著注意事項，提醒我們要記得遵守洞穴探險守則。

「進行洞穴探險之前，需要準備許多裝備，並學習各種技術。

第一，絕對禁止單獨行動！

第二，仔細察看爸爸畫的箭頭，避免迷路！

第三，洞穴內會有落石的危險，
不可以脫下安全帽！

第四，不可以在洞穴內大小聲，
也不可以挖洞穴牆壁的
石頭！

第五，要具備探索未知世界的勇氣！

從現在起，大家一定要把各種裝備的名字和用途熟記下來！」

原來露營車內藏着這麼多的裝備，包括安全帽、登山用的繩索、手電筒、雨鞋、防水背包，以及許多電池等。

「爸爸，我們只是進去一下下而已，為什麼需要帶這麼多的電池呀？」

「訓練時要遵守長官的指

揮，不可以提出非必要的問題！」

佳英對著爸爸撅起嘴，因為她的提問沒有得到爸爸的正面回答。

「好了，我們現在要進入洞穴探險了。韓佳藍、韓佳英，你們在探險過程中，如果看到魚的話，務必馬上回報。知道了嗎？」

雖然沒人要求，但我們都一致用敬禮回應爸爸。在我們更換探險服的時候，扮演偵查隊角色的舅舅，已經先去洞穴四周繞了一圈回來。

「我研判這個洞穴應該是石灰洞，很明顯可以看得出來，周圍有溶於地下水的地形。我剛才也確認過了，形成洞穴的岩石中含有大量的石灰成分。」

「舅舅，洞穴也有分種類嗎？」

「當然啦！『石灰洞穴』正如其名，是石灰岩被雨水或地下水經年累月侵蝕後所形成的洞穴；『熔岩洞穴』則是因為火山噴發的熔岩流到地面後形成的洞穴。啊！還有位於海邊或江邊峭壁的『海蝕洞穴』，它們是長時間被海浪或江水沖刷後而形成的洞穴。」

聽完舅舅的詳細說明，爸爸點著頭補充說：

「原來這裡是石灰洞穴……果然我的直覺沒錯。一般來說，大部分洞穴都是石灰洞穴。如此一來，事前準備要做得更加徹底才行，因為是地下水順着石灰岩層裂縫流動而形成的洞穴，內部應該相當複雜。」

聽到爸爸這樣說，原本就非常害怕的我，感到更恐懼了，不禁在心裡想著：

「傳說中，那些無法升天的蟒蛇或餓死的怪物們都住在洞穴內……我們一定要進去嗎？只是……如果我在這個時候放棄不去的話，往後的人生，韓佳英肯定會嘲笑我是膽小鬼哥哥。唉！這樣也不行、那樣也不行，我的處境怎麼會變成這樣？真是太慘了！」

才剛踏進洞穴沒幾步，我就感覺到周遭變得冷颼颼。不知道是因為洞穴內氣溫較低，還是害怕的關係，我全身都起了雞皮疙瘩。

「舅舅，現在明明是夏天，為什麼洞穴內這麼冷呀？」

「涼爽一點不好嗎？洞穴果然是最棒的避暑勝地！在洞穴內會感覺冰涼，是因為它幾乎不受外面天氣的影響。因為洞穴是由厚重的岩石層組成，而且大部分都位於地底深處，無論外面氣溫如何，洞穴內都可以維持固定溫度。」

原來是這樣，只不過低溫讓我感到有點不適應，而且洞穴裡面非常暗！除了頭燈照到的地方，其他東西幾乎都看不到。

幸好爸爸在進來之前有先提醒大家：「從明亮的地方走進來，眼睛需要花點時間才能適應黑暗。」

果然如爸爸所說，過了一會兒之後，慢慢就可以看清楚周圍的環境了。

看清楚後，我嚇得忍不住大聲尖叫，聲音透過洞穴的牆壁傳回來，聽起來更大聲。佳英看著這樣的我，無奈地嘆口氣說：

「哥哥，那個不是怪物，是鐘乳石，聽說石灰岩洞內會有許多形狀奇特的鐘乳石。」

「鐘、鐘乳石嗎？」

原本正拿著相機在洞穴內四處拍照的舅舅，突然接著佳英的話，繼續說：

「佳英知道的事情真多。雖然外表看起來很詭異，但確實是鐘

乳石沒錯！不過是五毫米的水滴，就可以創造出這樣的藝術品。」

「什麼？五毫米的水滴，就可以製造出那個東西？」

我聽到舅舅的話之後，再次感到驚訝。

地下水從石灰洞穴的隙縫內，一滴一滴地往下滴，那些水滴內含有『碳酸鈣』的物質。當水滴順着

洞穴頂部或牆壁慢慢地往下流動時，水滴內的碳酸鈣成分也一點一點地累積，久而久之就形成了各種各樣的鐘乳石。」

聽完舅舅的說明，我睜大眼睛，用手電筒仔細查看，果然長得像怪物的鐘乳石附近凝聚著水滴。

啊！原來這就是「鐘乳石」。呼！真是的，剛才被驚嚇過頭的心臟，總算稍微舒服一點了。

舅舅也順道補充介紹了「石筍」和「石柱」。

「除了鐘乳石本身，從它的最下面往下滴到地上的碳酸鈣溶液，也會形成慢慢往上堆高的物體，形成往洞穴頂端方向長高的物體，稱為『石筍』。如果說，鐘乳石是媽媽的話，那麼石筍就是喝媽媽奶水長大的孩子。隨著時間流逝，鐘乳石會慢慢變長，石筍也會慢慢長高。」

「當鐘乳石和石筍相遇之後，就會形成一根柱子，稱為『石柱』。雙方從彼此相望到相遇，就如同母子的美麗相逢呢！」

舅舅彷彿真的看到了母親與孩子動人的相逢場面似的，雙眼朦朧地望著空中。我也跟舅舅一樣，深深陷入了洞穴景觀帶來的感性中，突然被韓佳英的一句話給打破了。

「哥哥，你也太誇張了吧。都國小六年級生了，還不知道鐘乳石，這像話嗎？」

哎呀！韓佳英真的好煩，太令人討厭了！

【熱門 YouTube 露營科學】洞穴的種類有哪些？

5 熔岩洞穴，是由於熔岩流動而形成的洞穴，在韓國只有火山地形的濟州島才看得到。在洞穴內，可以看到因熔岩內部和外部變硬的時間差而形成的奇觀。
6 韓國四周也有漂亮的「海蝕洞穴」。海蝕洞穴是海岸岩石被海浪侵蝕後所形成的地形。它的特徵是外觀簡單，洞穴裡幾乎沒有生物。
7
啊！在寒冷的國家還有「冰洞」喔。巨大的冰河內部融化之後，會在冰河裡面形成洞穴。
8 此外，還有由沙子所形成的「砂岩洞穴」，以及鹽變硬後形成的「鹽洞穴」等，洞穴就像寶石般隱藏在地球各處。

《科學體驗報告》洞穴探險的準備事項

年　　月　　日　星期

探險前要準備的物品
安全帽
頭燈
電池
登山用的繩索
手電筒
行前準備是基本常識喔！
緊急糧食和零食
相機
防水背包

原來洞穴探險需要準備這麼多裝備呀！

雖然每一項都很重要，但是保護頭部的「安全帽」，以及在漆黑洞穴中可以照明道路的「頭燈」，是最重要的兩項。另外，洞穴地面很潮溼，也需要備有防水功能的探險服、背包和雨鞋。探索結構複雜的洞穴時，有時得攀爬岩石或峭壁，就需要登山用的繩索和組合式的梯子；如果洞穴內有湖，還需要橡膠艇。

探險時，一個人沒辦法帶這麼多裝備，即使是力大無比的超人也不行。因此，現實的洞穴探險家至少會找五、六個人組成團隊，分擔裝備及工作。

啊！還有洞穴內的溼氣重，電池消耗得特別快。提醒大家務必帶上足夠的電池、緊急糧食和零食，才能進行安全的洞穴探險！我還發現巧克力是能補充熱量的推薦零食，真是太開心了。

發現洞穴裡面的魚

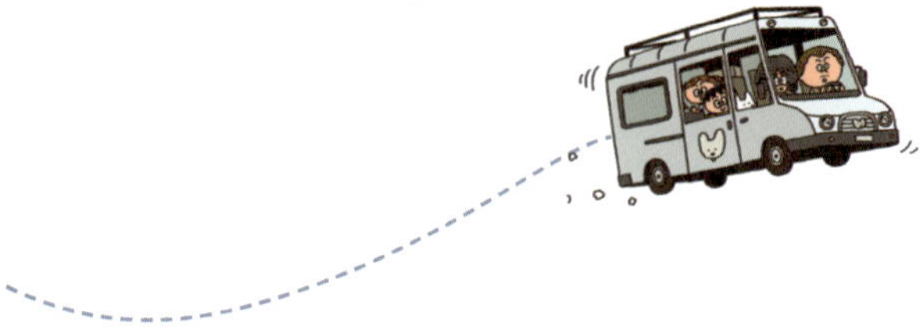

幸好我們有穿雨鞋，否則膝蓋以下應該已經全溼了。我現在才知道，原來洞穴內會有這麼多的水。據說根據地形不同，有些洞穴裡還會形成湖，洞穴到底是一個怎麼樣的世界呀？

即使我帶著安全帽，依然可以感受到水滴從上方滴下來。冷不防，一滴水直接滑入我的後頸。

「啊，好冰！」我忍不住大聲叫

起來。

爸爸用食指靠在嘴巴上，示意我們保持安靜，然後以極小的音量說道：

「噓！這洞穴裡有獨特的生物。如果大聲說話會驚嚇到牠們，從現在起，我們要保持安靜。對了，還有那些各式各樣的『天然藝術品』，是由洞穴的水滴經年累月製造出來的，千萬要注意，不能破壞它們。」

我對著爸爸點了點頭後，他再次走到最前面。我小聲嘀咕，用只有舅舅能聽見的音量說：

「我從來沒有想過洞穴內是充滿水的世界。地上到處積水，洞穴頂端也持續往下滴水……哎喲，該不會等等會出現瀑布吧！」

沒想到，舅舅聽到我這麼說，不只露出吃驚的眼神，還對我豎起大拇指：

「賓果！佳藍你怎麼會知道這些事情呀？石灰岩被地下水持續侵蝕，洞穴就會慢慢變深、變長，甚至還會形成好幾層的地階呢！當內部出現分層的時候，水從最上面的一層往下層流動，就會形成『洞穴瀑布』的奇景。呀！不愧是我的侄子！」

莫名其妙就被人稱讚，讓我有點不知所措。

佳英湊過來，擠進我和舅舅之間，插話提問：「舅舅，到底地下水的力量有多強，才可以製造出如此巨大的洞穴呢？」

聽了佳英的問題，舅舅指著洞穴地面一灘灘的水：

「現在你們看到腳底下流動的地下水，並不是單純的水，跟我們平常喝的飲用水不同，它的酸性非常強。你們學過石灰岩會被酸性物質侵蝕的特質吧？即使是巨大堅硬的石灰岩塊，長年累月被弱酸性的雨水和地下水持續攻擊，也會難以招架。等到石灰岩塊被鑽出某種程度的大洞，洞穴的形狀大致形成之後，接著，就輪到水滴們出動了。」

舅舅才說完，不知道何時突然從旁邊冒出來的爸爸，繼續補充說明：「洞穴內的水滴可以說是洞穴雕刻家。當水滴內的碳酸鈣成分在洞穴四處堆積之後，就會形成我們剛剛看到的鐘乳石，或是讓地面的石筍越長越高。水滴一顆一顆的落下，直到形成現在我們所看到的景象，需要經歷相當漫長的歲月，據說一年只能生長○．○二公分。」

天呀，一年只能生長○．○二公分？那麼，五十年也只生長一公分吧？這樣推算下來，這個洞穴到底存在多久了？至少數千萬年，不，數億年嗎？簡直就是老爺爺洞穴！

因為洞穴的年齡而受到驚嚇的我，開始用手電筒四處查看，想要更仔細地觀察周圍環境。剛才看起來非常嚇人的洞穴牆壁，現在覺得像是充滿「爆米花」的洞穴珊

瑚，也有跟靈芝長得一模一樣的洞穴蘑菇。

我突然想起家裡月曆上的一句話——「這世界並不缺乏美，而是缺乏發現美的眼睛」，這種金句肯定是來過好幾次洞穴的人會說出來的。就這樣，我一個人邊走邊胡思亂想，想得出神時，突然摔倒了！可能是水中有石頭凸出來吧，我就這樣被絆倒了。

摔倒的當下，我發出一聲尖叫，爸爸和舅舅聞聲趕過來，聯手把我扶起。幸好我有穿著防水衣服，不然現在應該成了一隻落湯雞。

「沒事吧？有沒有哪裡受傷？」

「沒事，沒事！不過，我的手電筒掉進水裡了。」

我彎下腰，想要尋找不小心掉落的手電筒。幸好還有頭燈，讓我能清楚地看到水裡面。在那裡！我看到有一個長長的、灰白色的東西浸泡在水中，我伸手想拿起手電筒。

我已經不知道自己在今天尖叫幾次了。就在我伸手要去拿的手電筒附近，好像有什麼東西蠕動了一下，然後從我的手邊滑過去了。仔細一看，一隻身體透明、微微泛著粉紅色的魚，正左右搖擺著尾巴在水中怡然自得地游著。

「哥哥，你安靜一點！你的聲音越來越大聲。哎呦……我耳朵好痛。」

「不，不是那樣的……那個，你們看看那個！」

佳英把手電筒照向我手指的方向。

「哎呀！」佳英也嚇得往後退了幾步。

「爸爸，舅舅！你們看那裡。」

舅舅順著我手指的方向走過去，然後彎下腰仔細地觀察後，驚喜地說道：

「哎呦，找到了！這就是第一道題目呢！現在不是聊天的時候，大家快過來仔細觀察，任務是畫出魚的頭部，對吧？」

在不驚嚇到魚的前提下，我們慢慢地移動到魚的附近，開始觀察起魚的外觀和行為。

「肌膚幾乎是透明的，好像連粉紅色的肉都可以看到了呢！」

如佳英所說，這傢伙跟普通魚的顏色完全不同。

舅舅開始一一說明：「長時間生活在沒有陽光的洞穴內，導致黑色素不足，所以才會出現這種顏色。」

我一邊聽著，眼睛一邊跟著水裡的魚移動。

「不會吧？難道只有我找不到這傢伙的眼睛嗎？佳英，妳也來這裡幫忙看看。」

佳英低頭仔細觀察那條魚：「天呀！牠真的沒有眼睛！」

「沒有眼睛？怎麼會這樣呢？」舅舅搔頭苦思。

不一會兒，舅舅好像想到了什麼，猛地拍了一下膝蓋，興奮地說道：「我想起來了！不久之前，我有看到新聞報導介紹洞穴湖水中發現一種稀有的魚。這種魚因為長年生活在沒有陽光照射的洞穴內，導致視力退化，但是探測化學物質或辨認方向的能力還是相當卓越。眼睛退化之後，就隱藏在皮膚下面。當棲息地不同時，生物的外觀也會隨之改變，這種魚就是很好的例子。」

爸爸接著舅舅的話，繼續說下去。

「這樣說來，我也想到之前曾在科學雜誌讀過相關報導。在墨西哥的某個洞穴內發現了洞穴魚，同樣也是沒有眼睛，身體透明到幾乎可以看到體內構造。不過牠們的觸覺非常發達，完全可以代替眼睛，不會造成任何生存障礙。歐洲石灰岩洞穴內的洞螈之所以眼睛退化，也是基於相同原因。」

即使聽了舅舅和爸爸的說明，我還是難以

相信，眼睛退化之後，竟然會藏在皮膚下？不過，畫好魚頭之後，我們的第一個任務是不是就算完成了？

「咦，這小傢伙好像要游去哪裡？」

爸爸挪開腳，讓洞穴魚可以游過去。我們非常好奇沒有眼睛還可以游動的魚是怎麼生活的？決定繼續跟著它觀察看看。

負責拍攝的舅舅走在最前面。可惜魚兒似乎察覺到被我們跟蹤，嗖地一下子就鑽進石頭縫隙，不見了。

「哎呦，我還打算多觀察一會兒……」佳英感到惋惜地說。

爸爸安慰她：「牠可能被我們的出現嚇到了。對魚來說，人是入侵者，我們讓出空間，讓牠好好休息吧！」

「沒錯！我們已經完成了第一個任務，快點出去吃東西吧！」

我趕緊順著爸爸的話說下去。爸爸也稱讚我的眼力很好，是完成這個任務的大功臣。於是，我站在佳英面前，聳了聳肩膀說：

「看到了沒？你哥哥很厲害吧。」

佳英的表情雖然有點不以為然，但臉上還是露出了笑容。我們一起舉手擊掌，慶祝順利完成第一個任務。

【熱門YouTube露營科學】石灰洞穴是如何形成的？

我們來了解一下浸泡在水中的岩石、石灰岩吧！

石灰洞穴是石灰岩長年累月被雨水和地下水沖刷或侵蝕後，形成的洞穴。

雨水和地下水真的能穿透石灰岩嗎？

1 首先，先準備一塊石灰岩。石灰岩的主成份是碳酸鈣，混有動物骨頭和貝殼的岩石。

2 用滴管吸取少許鹽酸，再滴在石灰岩上面。實驗中，鹽酸代表雨水和地下水。雨水溶解空氣中的二氧化碳後，呈弱酸性。地下水則是分解地底的有機質而生成碳酸，酸性更強。

3 觀察石灰岩遇到含有酸性的鹽酸，會產生泡沫現象。石灰岩容易被酸溶解，溶解時產生的泡沫即是二氧化碳。

4 如果很難找到石灰岩或鹽酸的話，也可以用粉筆和食用醋來做實驗。因為粉筆由碳酸鈣組成，食用醋則是酸性液體。

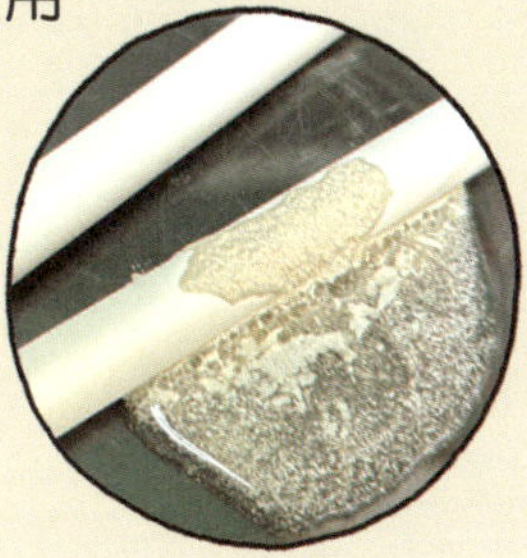

像這樣，經歷漫長的歲月一點一點地侵蝕之後，就形成了石灰洞穴。在韓國有許多石灰洞穴，而在全韓的洞穴中，約百分之九十都是石灰洞穴。

《科學體驗報告》鐘乳石、石筍、石柱

年　　月　　日　星期	☼ ☁ ☂ ☃

我人生中的第一次洞穴探險，總算結束了。

把哥哥嚇得驚慌失措的「怪物」，其實是洞穴內水滴雕刻出的洞穴生成物——鐘乳石。真是的，韓佳藍實在是太膽小了。

從洞穴頂端滲透出來，含有碳酸鈣成分的地下水，一滴、兩滴地持續滴下，最後在洞穴內形成各種形狀的生成物。其中，最常看到的是「鐘乳石、石筍、石柱」。多數的鐘乳石會像冰錐般掛在洞穴的頂端，我們現在看到的鐘乳石，是水順著洞穴牆壁流出來後變硬的狀態。

石筍則是從鐘乳石上滴落的水滴，在洞穴地面凝結後，長成像竹筍的模樣。當由上往下生長的鐘乳石，跟地面往上長高的石筍，經過漫長時間，兩者如同牛郎織女般相見時，噔噔！石柱就誕生了。

在研究洞穴生態系時，這些洞穴生成物有很重要的作用，所以絕對不可以因為它們長得很漂亮、很神祕，就隨便帶走喔。

超級好吃的棉花糖餅乾

我們輕輕鬆鬆地完成了第一個任務！這都多虧了我耀眼的表現。

等一下媽媽打電話來時，我一定要炫耀一番。畢竟不是誰都可以在洞穴湖中發現活生生的魚。我的左右眼視力都是1.5，加上細心敏銳的觀察力，才能完美達成這次任務。

我的自信心瞬間爆棚，如果是這種難易度的話，看來第二個任務也可以輕鬆地完成。我得意地轉頭看一眼走在身後的佳英。即使她表面上裝作若無其事，但是內心肯定覺得我這個哥哥非常厲害吧！

沒想到，就在這個充滿榮耀的瞬間，我突然流鼻涕了……

我明明沒有感冒，但是卻止不住地一直流鼻涕。

「哥哥，快點擦掉鼻涕啦！」

唉！真是屈辱。但是鼻涕似乎一點也不想顧慮我的自尊，流個不停。實在是沒辦法，我只好抬起手用衣袖去擦鼻子。

聽到我擤鼻涕的聲音，爸爸轉身說：「洞穴內的溫度比外面低，看來是因為在裡面待太久了，佳藍才會流鼻涕。我們趕緊出去吧。」

不過，洞穴地面溼滑，走太快其實很危險。我們好幾次都差點滑倒，最後總算回到溫暖的露營車內。

我們進入洞穴時，正值中午，雖然不太清楚具體在洞穴內待了多久，但是現在天空已經染上晚霞。長時間待在低溫的洞穴內，會流鼻涕也不意外。不只是我，就連爸爸和舅舅也表示身體冷得發抖，感覺不太舒服。舅舅說，這種時候要避免身體出現低血糖的狀況，於是他從背包內拿出事先準備的「祕密武器」。

咦？那是——我最喜歡的的棉花糖！

我和佳英馬上跑過去舅舅身邊，吵著要馬上開一包，在火爐上烤著吃。這種時候，我跟佳英連口味都相同，果然是兄妹。

不過我們的期待，卻因為爸爸的一句話變成了泡沫。

「自古以來，甜點都不是正餐。俗話說：『正餐的胃和甜點的胃是不同的』，我們是米食民族，首先必須要先吃飯。」

「先吃飯，再吃甜點」是爸爸的鐵律，看來我們要再等一會兒，晚點才能跟棉花糖相見了。快速吃完即食米飯，搭配三分鐘簡易咖哩調理包的晚餐後，大家很快就在火爐邊選定位置坐好。

有了前一晚的經驗，爸爸已經是生火專家，很快就點燃了火爐。這時，舅舅從背包內拿出餅乾和巧克力。

「舅舅！你還要吃餅乾和巧克力嗎？」

「你們等著看！我打算做一道不得了的露營美食，叫做『棉花糖餅乾』，美國人在露營時，超級愛這道甜點，製作方法也很簡單。為了跟大家一起體驗，我事先準備了這些，算是小小的驚喜吧？」

舅舅先在餅乾上面放一塊巧克力，然後再疊上烤好的棉花糖，接著再把另外一塊餅乾，放在棉花糖上面，最後稍微用力壓了一下餅乾。火烤融化的棉花糖就像生奶油般，一下子就變軟、溢流出來，看起來相當美味。

每個人都分到一塊舅舅親手做的棉花糖餅乾。

「喔！真的好好吃。酥脆的餅乾，配上融化後軟綿綿的棉花糖，簡直是夢幻組合。嘴裡的巧克力不只甜，還有一點黏稠感！舅舅，我還要一個。」

「對吧！這道甜點的英文是『S'more』，因為每個吃過的人都會大喊『Some more』，想要再多吃一些，棉花糖餅乾也因此得名。」

我完全可以理解為什麼吃過的人都會大喊「還要一個」，在這個世界上，可以拒絕這種香甜美味的人應該

這樣吃下去真的不行！
棉花糖餅乾！
再給我一個！

極少。

就在我們三個人吃得手舞足蹈，深陷棉花糖餅乾的美味時，爸爸認真閱讀著包裝紙上的營養成分，露出嚴肅的表情。

「這個……那個……真的不行！高熱量、高脂肪、還有高糖分！大家不要再吃了！」

「爸爸，真的很好吃，我不能再多吃一個嗎？」

「不行！」

「哎呦，把拔……」佳英開始使出必殺技。

如果不是很想吃的話，她絕對不會輕易使出傳說中的撒嬌。天呀，我已經渾身起雞皮疙瘩了，實在肉麻到聽不下去。不過，面對寶貝女兒的撒嬌，爸爸就像棉花糖那樣，一下子就心軟了。

「這樣吧！只能再多吃一個，然後去運動，再去睡覺。」

「耶，好喔。果然還是爸爸最好了！」

佳英對爸爸比出了大拇指，然後津津有味地吃完最後一塊棉花糖餅乾。

品嚐了美味的棉花糖餅乾之後，我們遵守跟爸爸的約定，在睡前做了一點運動，還玩了遊戲。舅舅回想起自己大學時期的團體活動，提議用棉花糖進行堆塔挑戰。

「規則很簡單。只要在規定的時間內，用生義大利麵條和棉花糖的組合堆疊成塔，最高的人獲勝。但在測量高度前，塔必須先維持十秒以上。」

我們以負責洗晚餐的碗筷為賭注，分成兩組開始玩遊戲。我和舅舅一組，爸爸和佳英一組，比賽時間是十分鐘。

「好……預備，開始！」

我們這隊的戰略很簡單。參考蓋大樓的方式，先用棉花糖和義大利麵，盡可能組成牢固的六面體之後，再堆疊上去，在一樓上建二樓，在二樓上建三樓，就這樣持續堆疊上去，就完成了。

我和舅舅努力做出四方形的六面體。為了防止另外一隊偷學，我們先在側邊增加長度，最後再把塔堆疊上去即可，到時候佳英一定會吃驚得不行吧？

「好，現在倒數五、四、三、二、一！停！」

天呀！發生了我們意想不到的問題。原本橫躺著的塔，被立起來之後，由於義大利麵無法承受上方的重量，於是下方開始出現彎曲。由於義大利麵和棉花糖本身有重量，必須先在底部做好足以支撐重量的地基，但我們居然忘記了這個最基本的常識。

「喔？我看不用測量，也知道是我們贏了吧？」佳英指著我們的塔說道。

我再次感到屈辱。不用測量……我也知道我和舅舅輸定了。

「啊呀，抱歉啊！今天的碗筷非常多，真不好意思，怎麼辦才好呢？」

就連爸爸也越來越像佳英了，父女倆連說話口吻都相似。

「唉呀，舅舅。你不是說之前已經玩過了，為什麼實力還這麼弱？虧我還這麼信任舅舅說的話。」

「佳藍啊，舅舅連今天午餐吃了什麼，都快要想不起來了，更何況是大學時的

事情呢？既然你頭腦轉得快，當我說要做四方形，就應該阻止我的呀。」

就在我和舅舅爭吵不休時，佳英雙手環抱胸前，看著我們剛才堆疊完成，但一下子就垮掉的塔，開始發表意見。

「你們採用四方形結構，從底層開始層層往上疊，以為這樣會很堅固的想法，基本上是錯覺。因為比起四方形，三角形結構可以分散整體重量，支撐力更好。像是有名的巴黎艾菲爾鐵塔。也是由很多小三角形結構物組成的骨架。嗯，其實也不用去巴黎看啦，那邊的焚火臺，不也是三角形嗎？」

反應敏捷的佳英，該不會是看到焚火臺，或是想到艾菲爾鐵塔，才意識到三角形結構是最穩定的吧。總之，他們那隊從底層開始就採用三角形，然後順利堆疊出非常高的棉花糖塔。

真是可怕的對手！我和舅舅被佳英的聰明機智嚇得目瞪口呆，於是乖乖地去洗碗了。

【熱門 YouTube 露營科學】

運用三角形結構，成為堆高遊戲贏家！

1
大家好！我是韓佳英。今天要跟大家介紹一個可以在露營玩的有趣遊戲。
2
需要的道具有：露營時經常烤來吃的棉花糖，以及義大利麵條。
棉花糖
義大利麵
3
在規定的時間內，用棉花糖和義大利麵做出最高建築物的團隊獲勝！
〔注意事項〕
－只能使用棉花糖和義大利麵。
－測量底部到塔頂的高度，最高的團隊獲勝。
－測量之前，要先維持十秒以上不倒。
4
這個遊戲的獲勝關鍵，是了解三角形結構，也就是要知道物體重心在哪裡。

5
請仔細看看。比起四角形，三角形的重心在更下面吧？重心在越下面，建築物越能支撐外部的重量，也會越穩固。
6
埃及的金字塔和法國的艾菲爾鐵塔，都是三角形結構。
7
只要三角形結構的三邊長度不變，整體就不會變形。但是四角形結構如果承受過大的力量時，可能會變成平行四邊形。
力量
8
不知道這些原理的哥哥和舅舅，才會採用四角形堆塔，他該不會因為找到洞穴魚就驕傲了吧？活該，呵呵！
喂！我都聽到了喔！

《科學體驗報告》 什麼是「桁架結構」？

年　　月　　日 星期

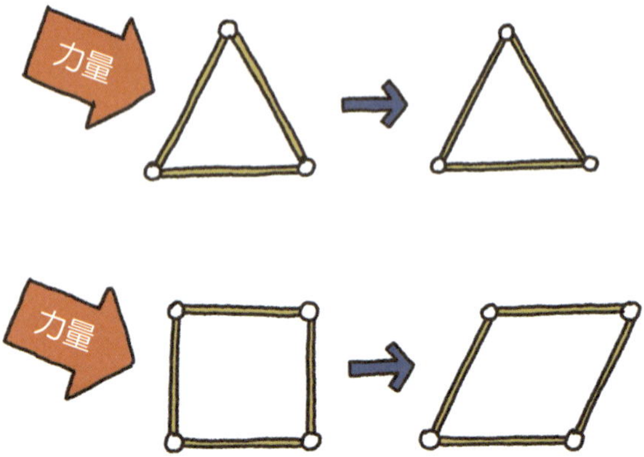

漢江鐵橋

大邱體育場

好生氣喔！居然輸給韓佳英了。我決定徹底分析這次失敗的原因，一定要在下次遊戲獲勝。

於是趁大家睡覺時，我深入研究了三角形結構，發現一個驚人的事實！三角形結構不只是用在艾菲爾鐵塔這類的「塔」，橋或體育館等建築也會採用三角形結構，也稱為「桁架結構」。

我以為三角形是由三個面組成，比四角形更脆弱。其實，四角形是有對角線的圖形，當力量跑到對角線另一側時，形狀會被壓縮，但是三角形有三個頂點，無論力量往其中的某個頂點推或拉，力量都會分散到兩側，因此整體不會散掉。

桁架結構是由穩固的三角形彼此連接，可以分散外部的力量，防止建築、橋梁彎曲或變形。不只是有名的艾菲爾鐵塔，就連漢江鐵橋、大邱體育場、首爾世界盃競技場屋頂等，都是採用桁架結構。

漆黑夜晚碰上的意外危機

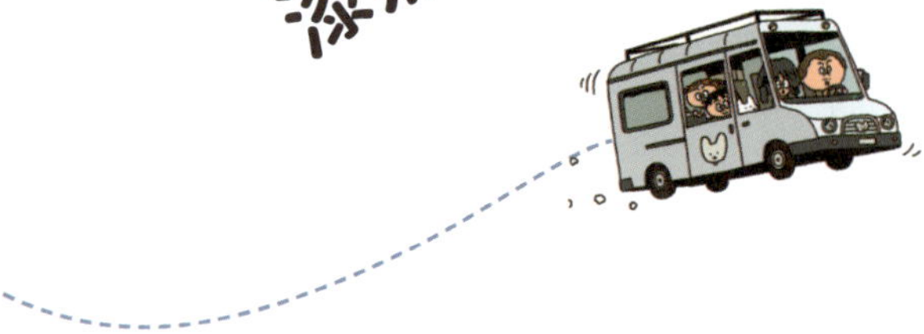

不知道是不是因為晚餐吃了太多甜點的關係？我在洗碗的時候，感覺肚子內很熱鬧。但我夾緊雙腿，強忍著腹痛，繼續洗碗。

「佳藍，你怎麼了？看起來像是想要大便的狗狗。」一旁洗碗的舅舅，看到我彎曲著身體，開玩笑地說。

「舅舅，我快要……」

沒等我說完，舅舅馬上就了解情

況。他將捲筒衛生紙和手電筒拿給我，叮囑說道：

「這個露營地什麼都好，就是廁所還在維修中。記得，你盡量往草叢深處走進去解決，這對大家來說會比較好。接下來的步驟，舅舅沒說，你應該也知道該怎麼做吧？」

「別瞎操心了，以為我還是三歲小孩嗎？」

說完，我頭也不回地往樹林跑去。經過草叢，我看到一棵巨大的樹。左右看看，確認周圍沒有半個人之後，就在樹下蹲了下來。

是誰曾說過這樣的話呢？進去廁所的時候和出來的時候，心情完全不同。汗流浹背跑到這裡的我，痛快地解決人生大事之後，心情不知不覺也變得平和了。我甚至浮現了想欣賞星空的念頭，抬頭想找找在自然課學到的「北斗七星」，沒想到一片特別大的樹葉，擋住了最後一顆星星。

「哎呦，那片樹葉為什麼這麼大呢？」

我歪著頭，想從那片大樹葉後面找到最後一顆星星，沒想到原本一動不動的「樹葉」突然抖動起來。

我的褲子都還沒來得及拉上整理好，為了看清楚「樹葉」的真實面貌，我半蹲著往前走了幾步，皺著眉頭仔細地觀察它，結果被嚇得在原地不敢動彈。原來它根本不是樹葉，而是一隻懸掛在樹枝上的巨大怪異生物！

「啊呀！救命呀！」

我不禁後退幾步，沒想到竟然一屁股摔坐到地上，真是禍不單行！

「啊呀！」

我的尖叫聲打破了寧靜樹林的平靜，也讓正準備睡覺的家人們嚇得趕緊跑過來找我。

「佳藍，發生什麼事情？」

「哥哥，你沒事吧？」

爸爸和舅舅跑得太快，已經累得氣喘吁吁了，佳英也跟在他們身邊。

「那、那個，我、樹枝上……」

看我無法完整地說出一句話，舅舅拍拍我的背，讓我先鎮定下來。我深呼吸好幾次之後，才能說出剛剛發生的突發事件。

說完，我用手指了問題來源的「樹葉」，所有人也都望向它。

爸爸想要看清楚那片讓我摔倒的「樹葉」到底是什麼，於是小心翼翼地走向前。

我們看著爸爸跟那片「樹葉」的距離越來越近，緊張的忍不住吞了吞口水。就在最後，只剩下一步距離的瞬間，突然傳來一聲：

「啪吵！」

從爸爸的腳底傳來奇怪的聲音。停下腳步的爸爸，抬起了腳，用手電筒照亮鞋底之後，表情瞬間扭曲。

「該不會，這個是……大便？」

唉呀呀，我想起來自己剛剛上完大號之後，還沒有來得及掩埋它。但已經太遲了！韓佳英果然沒有錯過這個嘲笑我的機會。

「哼！我剛剛正奇怪為什麼會一直聞到臭味。該不會是哥哥在這裡大便之後，卻沒有好好掩埋吧？」

佳英話剛說完，舅舅就趕緊靠近我，輕聲說：

「佳藍！剛才我不是已經交代過你，要好好處理了嗎？」

大家真的太過分了。我在毫無防備的狀態下，突然出現了怪異生物，我已經被嚇得摔倒了，哪還有時間處理？我一半羞愧，一半委屈地替自己辯解。

「各位！我承認我被嚇到後，沒有處理大便是不對。但是，我們不可以忘記一個事實。大家都認為大便很髒，而且沒有什麼用處吧。我剛拉出來的大便很臭，看起來也很髒，但對樹來說是很棒的肥料，我可是對樹做了一件好事情呢！」

「說得好，韓佳藍！」

我內心小得意了一下，偶爾我也對自己的隨機應變能力感到驚奇。

舅舅在旁邊插話說：「沒錯，過去的人也是使用糞便作為肥料。以前許多人家都從事農作，人們還會買賣糞便呢。小時候我去鄉下奶奶家玩，還被大人提醒，上廁所絕對不可以在別人家，一定要在自己家解決，因為糞便也是財產。」

說得好！舅舅都已經講成這樣了，嘮叨鬼韓佳英應該無話可說了吧。沒想到，爸爸提出了不同的意見。他該不會是因為運動鞋被弄髒了，所以還在生氣吧？

「不，我的想法不同。過去人們當成肥料來使用的糞便都是處理過的『堆肥』。未處理過的糞便，雖然含有可以幫助植物生長的營養成分，但糞便未完全發酵產生的氣體、熱量，以及糞便本身所含的細菌，反而對植物有害。因此，祖先們並不會直接使用未處理過的糞便，而是加入稻草、米糠或石灰之後，經過發酵的過程，成為堆肥之後，才運用來施肥。佳藍的排泄物是未經處理的，反而對樹林中的植物有害。」

韓佳英像是抓到機會似的，一邊點頭認同爸爸說的話，一邊繼續補充說：

「我的想法跟爸爸一樣，之前在電視曾看過糞便含有寄生蟲卵和細菌的報導。」

「佳英說得沒錯。健康的人的糞便中，有百分七十到八十是水分，百分之六到七是腸內細菌，還有百分之六到七是死去的細菌體，另外我們吃的食物殘渣約佔百分之六到七，這裡包含了一部分消化液和寄生在我們體內的寄生蟲卵。也就是說，未加工處理過的大便，含有細菌和寄生蟲卵，如果直接撒在農作物上面，很可能會有汙染的風險。」

什麼？我的大便中有細菌和寄生蟲？被韓佳英和爸爸聯手攻擊，我的心情瞬間變得很糟。

「意思是說，我的身體內到處都有細菌和寄生蟲四處亂跑嗎？」

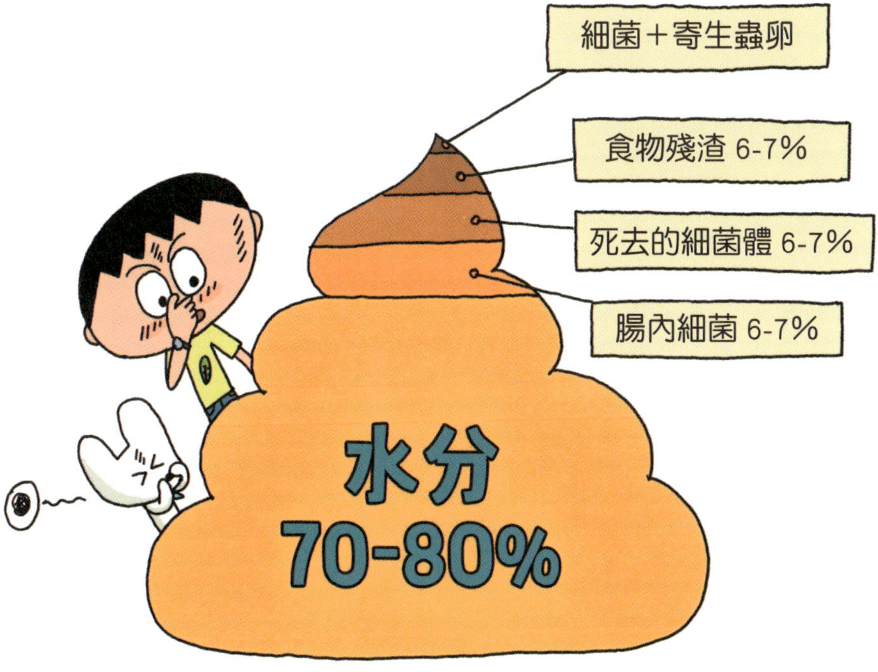
細菌＋寄生蟲卵
食物殘渣 6-7%
死去的細菌體 6-7%
腸內細菌 6-7%
水分
70-80%

「誰說只有哥哥了？當然也有可能是那樣啦！之前不是還有微生物學者說過『人類生活在細菌海洋上』這句話？哥哥不也是人嗎？何必假裝自己很乾淨！」

「什麼？妳剛剛說什麼？」

「如果你真的很愛乾淨，至少要好好處理大便！」

看見我跟韓佳英爭執不休，爸爸和舅舅只好開口阻止我們：

「不要再吵了！」

聽到爸爸的聲音，我們兩人雖然閉上嘴巴，但表情還是氣呼呼的。

舅舅轉頭對著我們說：「怎麼跟我以前和你們媽媽吵架時一模

一樣呢？果然血緣是騙不了人的。反正大便都已經拉出來了，你先把大便處理掩埋起來，我們再過去看看那個怪異生物到底是什麼吧！」

啊，沒錯！我被韓佳英氣得差點忘記怪異生物的存在了。爸爸再次看向那根樹枝，但是怪異生物已經飛走了。

「這傢伙開溜了，不過若是我，也會因為又臭又吵而趕緊逃走吧。」

聽到爸爸這樣說，我只能撇了撇嘴。這一切都怪韓佳英，如果她沒有故意找碴的話，一定可以知道那個怪異生物的真實面貌。現在，我只是採取暫時休兵的戰略，以後等著瞧，韓佳英！

這時，站在我們身邊的舅舅，彈了一下手指說：「啊！剛剛佳藍看到的東西，很有可能是蝙蝠。」

「蝙蝠？」我和佳英同時發出疑問。

「嗯，我之前看過新聞報導，這附近有幾隻被列入瀕危動物的『黃金蝙蝠』出沒。印象中，那是一年多前的新聞報導，因此可能性很高。」

聽到舅舅這樣說，我有一種後頸發涼的感覺。

「那麼，剛剛掛在那裡的是黃金蝙蝠？」

佳英也是一臉吃驚的模樣，她開始對舅舅提出各種問題：「舅舅，黃金蝙蝠不是應該住在洞穴內嗎？」

「嗯，蝙蝠大部分是夜行性，所以白天會在洞穴或廢棄礦坑內睡覺，等到晚上再出來外面覓食。牠們一天可以吃掉兩、三千多隻對人類有害的蚊子、飛蛾等昆蟲，食量很大。」

「為什麼牠們會被列入瀕危動物呢？」

「原因就在於人類的慾望。蝙蝠生活的洞穴被開發成觀光勝地，適合棲息的樹林也被破壞了，導致蝙蝠難以生存。廢棄礦坑原本是很好的棲息地，但是最近在廢棄礦坑的入口處，人們擺放太多的混凝土或鐵窗，讓蝙蝠無法自由進出。其實，韓國各地的黃金蝙蝠，在一九七〇年代之後就看不到了，原本以為已經絕種，結果近年在全羅南道咸平郡高山峰又被人看到蹤跡，這才重新獲得世人的關注。」

我的眼睛睜得跟兔子一樣大。之前我從未親眼看過蝙蝠，而且我以為「黃金蝙蝠」是傳說中才會出現的動物。忍不住好奇心的驅使，我也提出問題。

「舅舅，為什麼稱牠們是『黃金』蝙蝠呢？」

「啊，剛才太暗了，你可能無法看清楚。其他品種的蝙蝠都是土色或暗褐色，但是黃金蝙蝠是橙黃色。在陽光下，牠的毛色和翼膜看起來甚至像是金黃色，所以才被稱為『黃金蝙蝠』。」

原來是這樣！我竟然錯過了黃金蝙蝠，錯過可以近距離仔細觀察的機會，實在太可惜了。

不過，現在放棄有點太早。我們都因為附近有黃金蝙蝠出沒的可能，感到非常興奮。接著，大家一起回到了露營車。不知道為什麼，感覺爸爸好像對明天的探險有更大的興趣。

舅舅也期待能拍到黃金蝙蝠，還說要好好地調整相機的對焦，於是從背包內拿出相機使用手冊開始研究。韓佳英則是主張「知道得越多，才能看到越多」，她已經開始整理跟蝙蝠相關的科學體驗報告。

而我本人親眼看到了「黃金蝙蝠」，實在不可能不把這個獨家新聞分享出去。我躺在露營車內的床上，把手機連上網路之後，馬上把這則獨家新聞發給所有朋友。

大家如果知道我看到黃金蝙蝠的話，絕對會超級吃驚吧？啊！我當時應該拍張照片的。可惜當時真的太害怕，簡直嚇傻了。發出訊息之後，我焦急的盯著手機螢幕，等著朋友們的回覆。

可是那個「已讀」的字眼遲遲沒有出現。「啊，什麼呀！為什麼大家都沒看訊息呀？」我實在無法再繼續忍受等待，只好給唯一「一位」會如閃電般快速已讀的人，發送了訊息。

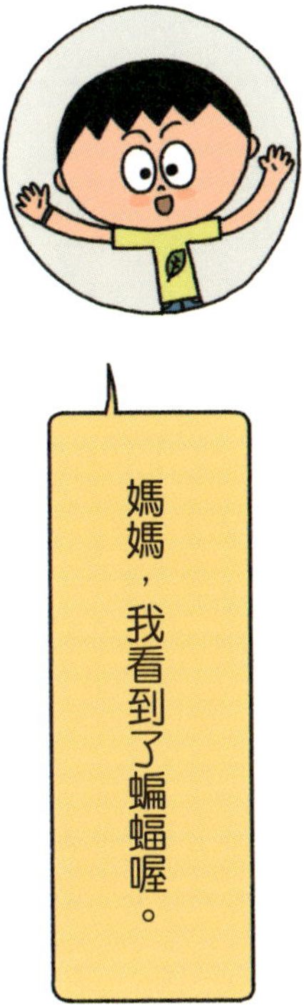
媽媽，我看到了蝙蝠喔。

果然我剛發出訊息，立刻看到「已讀」，媽媽也馬上傳來回覆。

哎呦！兒子啊♡！這麼快
就把第二個任務也完成了嗎？

咦？我只是想炫耀一下，分享自己看到了蝙蝠，媽媽的回覆卻文不對題，問我是不是已經完成了第二個任務，真奇怪，第二個任務根本還沒有開始呢！

我心想會不會是自己看錯了內容，再仔細地看了一遍對話訊息，我連第二次任務的「二」這個字都沒有提到。真是太奇怪了，於是我決定再次傳訊息給媽媽。

不是喔，媽媽！我們還沒有進行第二個任務。我是說我在大便的時候，看到掛在樹枝上的黃金蝙蝠，呵呵。

這次訊息傳出去，雖然立刻「被已讀」，但是過了很久，都沒有收到媽媽的回覆。又過了很久之後，媽媽才回我，而且很不像平時嘮嘮叨叨的她。

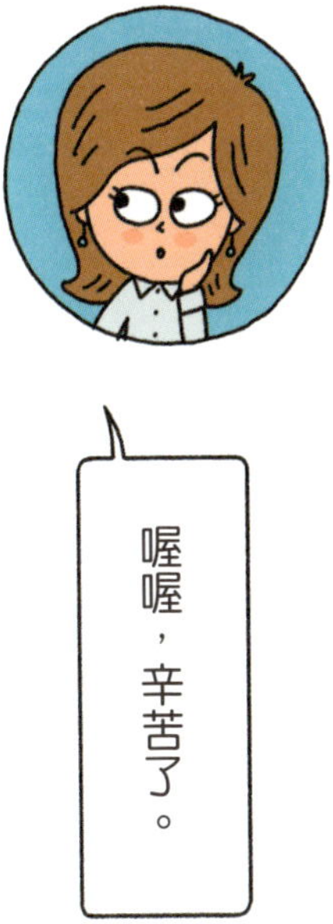

喔？媽媽這麼快就要結束對話了嗎？好像有什麼地方怪怪的。

我從來沒有看過媽媽發過這麼短的訊息，感覺她很明顯地想要馬上結束對話。我只好發一個晚安圖，然後關掉手機螢幕。

媽媽現在很忙嗎？

接著，我想通了。啊！現在是電視劇開始的時間，就像我喜歡打電動一樣，只要週末電視劇開播，媽媽即使睡著了，也會馬上爬起來追劇。將心比心，我不禁默默地點點頭，理解了媽媽的反應。

【熱門 YouTube 露營科學】

如何在野外處理排泄物？

1
哼，我才不是因為不想處理大便！我是被黃金蝙蝠嚇到了，才忘記處理的。
2
舅舅！我嚇得差點心跳停止。你在那裡做什麼？
哈哈，被嚇到了吧？我想趁這個機會告訴你怎麼在野外上廁所，所以就跟來了。
3
路邊
岩石下
水邊
山坡
除了埋在地下，還需要做什麼嗎？
當然！露營或登山時，需要找到正確的場所，例如上面這些地方，都不適合喔。

4
這邊也不行，那邊也不行。到底要在哪裡上廁所呢？
只要避開人群、溪谷，盡量選擇沒有水源的隱蔽平地，你選的地點也很好，只是方法不太對而已。
5
注意！以下是專業露營者的如廁禮儀！
1. 選擇適合上廁所的場地。
2. 用小鏟子把土挖出 20~30 公分的坑。
3. 在淺坑內上廁所。
4. 用土或樹葉把大便蓋起來。
5. 把使用過的衛生紙裝在夾鏈袋內帶走。
6
不過，最近有很多新發明，你知道有外出型廁所嗎？只要在塑膠袋內上廁所，再倒入凝固劑，尿或大便就會在幾分鐘內凝固成果凍狀。最後，把塑膠袋綁起來，就可以當成一般垃圾處理了！
凝固劑
一般垃圾
7
舅舅！既然有那種東西，為什麼不給我用啊？
歹勢，只剩下兩個了……你也知道我每天都要大號。訂閱者們，不好意思了！

《科學體驗報告》瀕危的「黃金蝙蝠」

年　　月　　日 星期

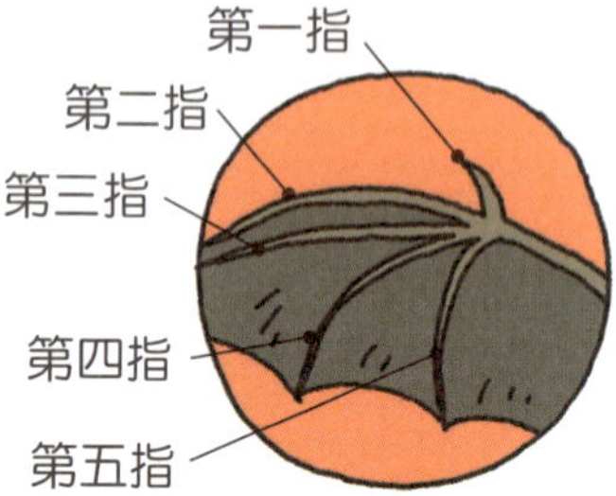

眼睛幾乎退化的蝙蝠，是通過喉部肌肉收縮發出超音波來掌握周圍的環境。牠們是利用超音波碰到物體後反射回來的聲波，掌握自己跟物體之間的距離和物體的大小。

蝙蝠是哺乳類中唯一可以飛的動物，因為牠的前肢有翼膜，可以飛行。

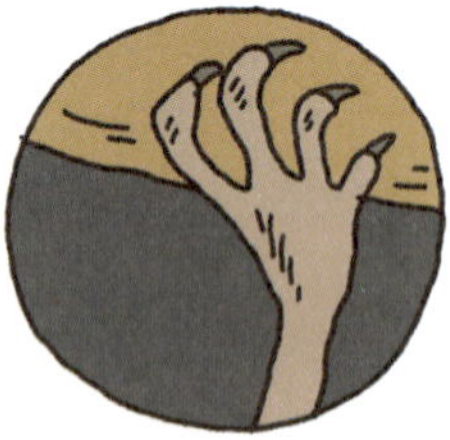

蝙蝠的腳只有細小的血管，牠無法行走，才會選擇倒掛的方式。

不可以摸！

蝙蝠會吃害蟲，也會搬運花粉，是生態系裡面不能缺少的重要生物！

韓國境內的蝙蝠主要有三個品種，分別是：馬鐵菊頭蝠、普通長耳蝠、金黃耳蝠。其中的金黃耳蝠也稱為「黃金蝙蝠」，因為橙黃色的身體看起來像是金黃色，所以才有這個外號。

黃金蝙蝠最有名的習性，是冬眠時間非常久。牠們會從十月到隔年五月，待在溼度高，而且很深的洞穴內冬眠，然後在六月時生下一、兩隻小蝙蝠。蝙蝠是夜行性動物，白天會在洞穴或廢礦坑等地方睡覺，到了夜間才出來覓食。黃金蝙蝠最喜歡的食物是飛蛾、蚊子、蜻蜓等昆蟲。牠們雖然無法用眼睛來感知光線，但是可以通過發出的超音波回傳，掌握障礙物或食物的位置。

黃金蝙蝠被韓國政府指定為第一級的瀕危物種，因為牠們的數量和棲息地都在逐漸減少。過去，黃金蝙蝠分布在韓國各地，很容易就可以看到。如今已經變成稀少的瀕危物種，真的太令人惋惜了。

尋找「黑色珍珠」的眞相

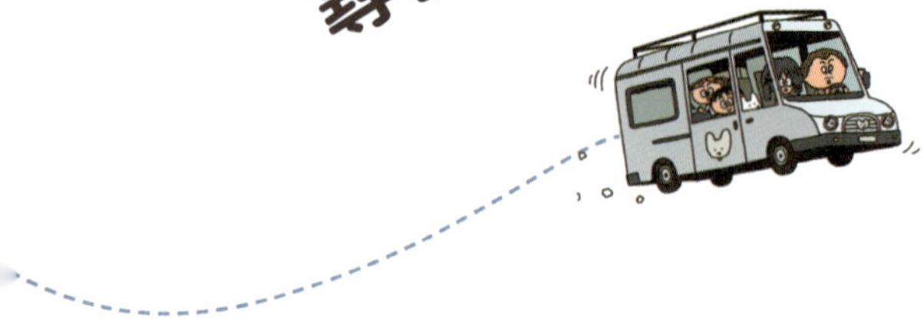

「奇怪！天氣預報明明說不會下雨，但是現在感覺悶悶的，像是要下雨了。」爸爸看著天空說道。

我也覺得皮膚溼溼黏黏，看來就像爸爸說的，今天比昨天更潮溼了。

「韓國的梅雨季通常是在七、八月，而且『關節預報』也預測要下雨。孩子們，今天的洞穴探險會比較辛苦喔！」

「什麼是『關節預報』啊？」我

問爸爸。

「等你們以後年紀大了就會知道，下雨之前，我全身關節都開始感覺到痠痲疼痛。哎呦，我的青春呀！」

爸爸還在那邊唉聲嘆氣時，原本在一旁安靜聽我們說話的佳英突然開口：

「爸爸，是氣象局的天氣預報，還是你的關節預報比較準確呢？如果今天不出發，是不是就沒有時間完成第二個任務了？」

佳英膽子真大，就連面對爸爸也敢這樣提問；而爸爸的反應像是平時聽媽媽的嘮叨似的，眼睛望著其他地方，手不停地按摩著關節。

舅舅出聲附議佳英：「我的想法也一樣！即使會下雨，我們只要趕緊完成任務，早點走出洞穴，不就好了嗎？」

「不愧是舅舅，一點就通。只是第二個任務目前毫無方向——找出洞穴內『黑色珍珠』的本體！為什麼突然說洞穴內會有珍珠呢？媽媽平時喜歡珍珠嗎？」

聽到佳英的疑問，我猛然想起昨晚跟媽媽的對話，隨口說：

「比起珍珠，媽媽應該更喜歡週末電視劇吧！昨天我發訊息跟媽媽說，我看到了黃金蝙蝠，結果她可能正在專心追劇，居然莫名其妙地問我，是不是已經完成第二個任務了。」

我把對話紀錄拿給大家看，看完之後，舅舅露出了耐人尋味的笑容：

「真不像平時做事謹慎的姊姊，居然不小心說溜了嘴，她意外地給我們提示啦！」舅舅煞有其事的發表意見。

爸爸看了對話內容好幾次，也點頭認同舅舅的推理。

「昨晚，媽媽應該是像平常的週末那樣，正沉迷於追劇。她在毫無防備的情況下，看到佳藍發過去的訊息，瞥見裡面出現『蝙蝠』兩個字，下意識地詢問是不是已經完成任務了？……代表第二個任務肯定和蝙蝠有很大的關係。」

爸爸說「肯定」時，特別加強了語氣。聽完爸爸和舅舅的分析，好像真的是那麼一回事。

「藏著關鍵提示的訊息，加上舅舅和爸爸的推理，看來第二個任務的『黑色珍珠』和蝙蝠之間，一定有什麼緊密關聯！」佳英模仿偵探的口氣說道。

「沒錯，一定是那樣！」舅舅也點頭同意。

「既然這樣，我們不能再拖延。現在已經有方向了，我們全體往洞穴出動，尋找蝙蝠吧！」

爸爸突然下達了命令，我們急急忙忙地開始準備。有了目

標，我們的動作也變得井然有序，很快地完成探險的行前準備，大家在洞穴入口集合。

「最重要的還是安全，大家一起喊三次——安全！安全！安全！」

今天居然還要高呼安全口號，爸爸帶頭走在前面，我們開始了第二趟的洞穴探險。

雖然是第二次走進洞穴，但我依舊不太適應。看來漆黑且潮溼的洞穴，果然不是我喜歡的地方啊。我們從洞穴的入口開始尋找，走了好一陣子，完全沒有看到蝙蝠的痕跡。就在我內心默默地懷疑，是不是太過相信爸爸的推理時，突然之間……

「看那個！」佳英的聲音讓大家都停下了腳步。

真是的，韓佳英也太大驚小怪了吧！不過是兩隻長著許多條腿的白色小蟲，在那邊爬來爬去而已，她居然一臉興奮的蹲下來觀察。

沒想到，舅舅卻誇獎了佳英：「喔，佳英觀察力很強耶！居然能看到這麼小的半洞穴性動物，牠們是屬於『雛背馬陸屬』的蟲子。」

「什麼是半洞穴性動物啊？」佳英好奇提問。

「所謂的『半洞穴性動物』，是指生活在洞穴內，同時也可以生活在類似洞穴環境的動物，像是這種馬陸屬的蟲子。牠們沒有眼睛，幼蟲很小，看起來是白色，長大之後，會變成淺棕色，最長可以長到大約二十到三十公分。」

「這麼說來，在洞穴內，除了『洞穴性動物』之外，還有其他種類的生物囉？」好學的佳英，繼續提出更多問題。

「當然了，洞穴生物主要分成三種，分別是：真洞穴生物、半洞穴生物、客居洞穴生物。『真洞穴動物』就如同字面上的意思，是真正的洞穴動物；也可以說，牠們是只能在洞穴內生存的動物。還記得昨天我們看到的洞穴魚嗎？在黑暗的洞穴內生活久了，眼睛退化，肌膚也變透明的洞穴魚，就是最具代表性的真洞穴生物了。『半洞穴生物』是指既可以在洞穴內生存，也可以在跟洞穴環境類似的陸地上生存的動物。剛才佳英發現的馬陸屬蟲子，以及皿蓋蛛屬蜘蛛，都是屬於半洞穴生物。」

「接下來的『客居洞穴生物』，就由我來說明吧！」不知何時湊近我們身邊的爸爸突然出聲，他硬擠進我跟佳英的中間。

「舉例來說，我們正在尋找的黃金蝙蝠，就是最具代表的客居洞穴生物。客居洞穴生物可以在洞穴內生活，也可以在洞穴外維持正常的生活。其他許多可以在洞穴內外自由進出的飛蛾類、蚊子類、蜘蛛類、東北小鯢等，都是屬於客居洞穴生物。」

聽完說明，我對於洞穴裡面竟然有這麼多不同種類的生物感到驚訝，完全超乎我的想像。下一秒，我突然想到一件很重要的事：

「但是洞穴內沒有陽光，無法長出植物，這些動物們要吃什麼呢？」

我的提問讓舅舅對我豎起了大拇指，然後一邊點頭一邊說明：

「哇，這是直接切中核心的關鍵問題喔！洞穴內沒有陽光，植物當然無法生長，是不是表示洞穴沒辦法提供草食性動物的生存條件呢？雖然住在洞穴內的動物偶爾也會吃一些漂進去的落葉或是動物屍體，但是最重要、最穩定的食物來源，其實是蝙蝠糞便！」

舅舅的稱讚讓我可以在韓佳英面前神氣一下，感覺挺不錯的，但是他怎麼又提到了大便？我真的懷疑自己的耳朵。

「剛剛是說……蝙蝠的糞便嗎？」

正當我因為大便的故事感到精神錯亂的時候，爸爸突然對我們發出了保持安靜的信號。

「噓！大家注意。」

是的！就是蝙蝠糞便。對於洞穴內的動物們來說，糞便是重要的食物來源。每天晚上蝙蝠都會飛出去洞穴外面，大約吃掉相當於自己身體兩到三倍的重的昆蟲，因此，蝙蝠在洞穴內留下的糞便，營養也相當豐富，加上糞便內含有氮氣、有機物、水分等，以及許多微生物，足以讓生活在洞穴內的動物們生存下去了。

看到爸爸從背包內拿出手電筒，開始往洞穴的牆壁四處照射，其他人也不由自主地用手捂住了嘴巴。因為洞穴裡面太黑暗，我們完全沒有注意到蝙蝠們正成群結隊地掛在洞穴的頂端和牆壁上。為了不驚嚇到蝙蝠，爸爸趕緊把手電筒的亮度調低。

「大家都靠過來這邊吧！」爸爸小聲地把我們叫到洞穴的牆壁邊，然後悄聲詢問：「蝙蝠就在這裡了，我們得想辦法找出『黑色珍珠』的線索，必須派一個人近距離觀察蝙蝠，誰要過去呢？」

佳英提議：「我們用剪刀石頭布來決定吧！如何？」

「很好，爸爸同意！不過，聽好了，這麼做是為了讓大家都有公平的機會，絕對不是因為爸爸害怕喔，知道嗎？」

雖然我不太相信爸爸說的話，但還是接受了「剪刀石頭布」的提議，我應該不會輸吧？

「剪刀、石頭——布！」

大家使出全力，玩著剪刀石頭布的遊戲，結果爸爸和舅舅，還有佳英，三個人就像事先約定好似的，全都出「布」。只有我韓佳藍一個人，被命運女神拋棄了。

「咦？只有哥哥出拳頭耶！」

韓佳英假裝吃驚的反應，真的很令人討厭。因為太害怕，我始終握著拳頭，然後用超級可憐的表情望向爸爸和舅舅，但是勝利者的世界是非常殘酷的。

「兒子，你好好表現。」爸爸一副事不關己的表情。

唉！運氣竟然背到這種程度，我只能心不甘情不願地從爸爸手上接過手電筒。

我扶著洞穴牆壁，一步一步地走向蝙蝠聚集的地方。突然，上方有一隻蝙蝠從睡夢中醒了過來，拍打起翼膜。

「哇啊！」我的心跳都快要停止了。這一次露營，我到底要尖叫幾次呀？我停下腳步，先深呼吸兩次之後，再度鼓起勇氣往前走。

這時候，洞穴地面傳來窸窸窣窣的聲音，感覺像是有東西破碎了。

「這回又是什麼？該不會是剛才看到的蟲子吧？」

我小心翼翼地把手電筒往地面照去，「它」沒有動，應該不是蟲子。我放下心、緩了一口氣之後，再仔細一瞧，地上到處都是看起來小小的黑色「石頭」，大小跟珍珠差不多。

嗯，位於蝙蝠附近，珍珠大小的顆粒——

這個，就是這個！

黑色珍珠！
總算找到答案了！

聽到我的叫聲，大家都趕緊過來。真是的，這些人……明明也是可以走到這裡的，剛才為什麼要讓我一個人先過來啊！不過，現在不是抱怨的時候，因為舅舅馬上確認我已經找到「黑色珍珠」的答案啦！

「沒錯！就是這個。我怎麼沒有早點想到呢？黑色珍珠就是蝙蝠的糞便。」

「什麼？我們找得這麼辛苦，結果『黑色珍珠』竟然是蝙蝠糞便？」

舅舅不理會我的牢騷，繼續說明：「所有的線索都有了答案！糞便在洞穴內扮演非常關鍵的角色，就如剛才說的，在洞穴的生態系裡面，糞便具有最底層的重要功能。」

聽到這裡，佳英點點頭說：「啊！所以媽媽才會認為即使是糞便，也是跟珍珠一樣具有價值，因此才將任務取名為『黑色珍珠』。」

原來是這樣！我發自內心讚嘆「想不到糞便也能這麼厲害」，然後對著倒掛在上面的蝙蝠群，比了一個愛心。

真洞穴生物，
只能在洞穴內生存，因
為長時間待在洞穴內，
眼睛退化、皮膚也變得
透明，但有相當發達的
觸角或毛、腿。
雕背馬陸屬
蜈蚣
盲眼鱗跳蟲
東蛩蠊屬
禁止下水
蝸牛
帶馬陸目
洞穴魚

【熱門 YouTube 露營科學】
認識生活在洞穴的動物們
入口
客居洞穴生物，可以同時在洞穴內外生存，牠們住在洞穴內，但會去洞穴外覓食。
黃金蝙蝠
半洞穴生物除了在洞穴生活，也可以在跟洞穴環境類似的陸地上生存。牠們作為洞穴營養來源的供應者，是重要的角色。
山幽靈蜘蛛
韓國爪鯢
灶馬

《科學體驗報告》蝙蝠糞便引起的戰爭？！

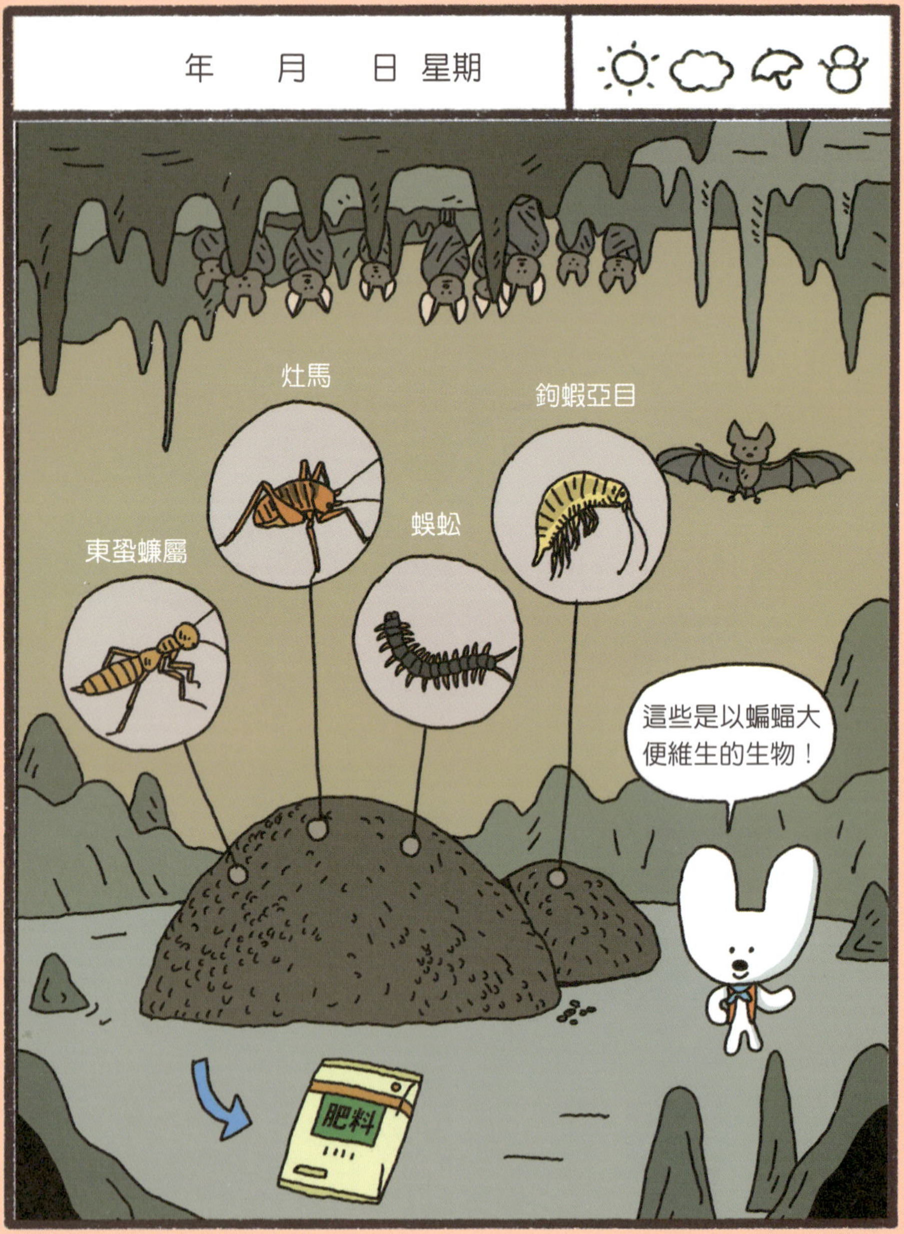
年 月 日 星期
灶馬
鉤蝦亞目
蜈蚣
東蛩蠊屬
這些是以蝙蝠大便維生的生物！
肥料

「黑色珍珠」居然是蝙蝠的糞便！進一步調查之後，才知道海鳥、蝙蝠、海豹等的排泄物有「海鳥糞」之稱。因此，把蝙蝠大便稱為「蝙蝠糞便」會更加準確！

其實蝙蝠糞便並不像珍珠那麼圓，更像是米粒般大小的糞便，被隨意堆疊在一起吧？因為蝙蝠成群生活在洞穴內，牠們的糞便不太容易被人類踩踏，堆積久了就變得堅硬。這些蝙蝠糞便在洞穴地面堆積，對於洞穴的生態環境產生重要作用。蝙蝠白天在洞穴內呼呼大睡，晚上再飛出去洞穴外面，吃很多昆蟲或是水果，然後規律地排出糞便。

這麼一來，那些只能生活在洞穴內的其他生物們，就可以持續獲得食物了。難怪有蝙蝠生活的洞穴，會被稱為「活生生的洞穴」！

對了！蝙蝠糞便內含許多氮氣，非常適合做為肥料，據說過去為了獲得蝙蝠糞便，甚至爆發過國家戰爭。黑色珍珠真的很受歡迎呢！

受困洞穴的求生挑戰

我們找出「黑色珍珠」就是蝙蝠糞便之後，就達成第二個任務了，現在可以離開洞穴回家了。媽媽說不定會為了慶祝完成所有任務、風光回家的兒子準備炸雞大餐，因為媽媽比任何人都清楚，我最喜歡吃的食物就是炸雞！

一想到炸雞，我走向洞穴入口的腳步也不知不覺地加快了，差一點超過走在前面的爸爸。

但是，有點奇怪啊？我們明明是走原路回去的，但是眼前出現了一個之前沒看過的水坑，擋住了前面的路。

「咦？爸爸，順著這條路走出去，沒錯吧？我記得接下去再爬過一個狹小的洞穴口……再往前多走幾步路，應該就會到出口了……」我一邊回憶著走進洞穴的路線，一邊說著。

爸爸也覺得哪裡怪怪的，歪著頭思考：「對呀！是這條路應該沒錯，到底是怎麼一回事？」

走在後面的舅舅和佳英，也疑惑地望著那個水坑。

「該不會……當我們在洞穴內執行任務的時候，外面一直下著雨吧？」舅舅的聲音顫抖，透露著不安。

「外面下雨，跟現在眼前的情況有什麼關係嗎？」我問道。

舅舅的聲音比剛才更加顫抖：「只是稍微下點雨就停的話，是沒有什麼問題，但是如果是突然下暴雨的話，情況就不同了。因為雨水會滲進土內，也會往低處流，導致洞穴內的水量突然暴增，形成我們眼前看到的水坑。」

如果舅舅推測的沒錯，那麼……

「不會吧！我們現在是被困在洞穴了嗎？」我和佳英異口同聲地問。

「先冷靜！夏天的雨應該很快就會停了，而且我看天氣預報說不會下雨，或許只是突來的陣雨而已，我們在原地等待看看。」

「爸爸，在雨勢更大之前，我們先渡過水坑，會不會比較好呢？」

「啊！對了。手機！快給媽媽打電話求救，她可以叫警察叔叔或一一九來救援。」

我和佳英焦急地把腦中想到的解決方法一一說出來。

但是，爸爸卻搖了搖頭說：「即使我們可以渡過這個水坑，但剛才進來時，我們幾乎要用爬行才能通過的洞穴口，現在應該已經灌滿水了。雖然可以潛水游出去，但是實在太危險了，再等等看吧！更何況這麼深的洞穴內，手機是沒有信號的，我們也無法往外求救。」

爸爸的話像是往我們身上潑了一盆冷水，於是，現在我們唯一能做的，就是找到洞穴內地勢較高的位置，耐心地等待水勢退去。我們找到了一個平臺，圍坐成一個圓圈之後，爸爸提議：

「在這麼暗的地方，最重要的事情是不讓火熄滅。別擔心，我們最後一定會平安無事地從這裡走出去，但是不知道要花多久的時間。所以我們現在使用的頭燈和手電筒，一次只能使用一個。還有，佳藍請把背包內的備用電池拿給我。」

我把背包內的電池全部拿出來給爸爸。

「佳英之前不是問，為什麼要帶這麼多電池嗎？那是因為洞穴內溼氣重，電池消耗很快，所以電池帶越多越好。現在，這隻手電筒的燈已經有點昏暗，表示該換新電池了。」

我看到爸爸在陷入這種危機時，一點也不慌亂，依然鎮定地處理事情，忍不住心想：「看來，特種兵出身的這件事，應該是真的！」眼前的爸爸，跟平常週末躺在沙發上看電視的爸爸，感覺完全不同呢！

這時候，不知道從哪裡傳來響亮的「咕嚕嚕」聲音。

「爸爸，我肚子餓了。」

原來是韓佳英。想想也對啦，需要消耗大量體力的洞穴探險，難免會如此吧？聽她的聲音有氣無力的，看來是真的餓了，當然我也是。

「背包內還有一些水和零食，但是為了以防萬一，只能吃一點。」

取得爸爸的同意之後，佳英馬上開始翻找背包。但是，佳英從背包內拿出來的竟然是幾張包裝紙，裡面的巧克力棒已經被吃光了。

「什麼呀？是誰吃掉了這個？」

明明聽到佳英尖銳的聲音，但舅舅仍然一邊假裝在做其他事情，一邊努力假裝沒聽到。

「舅舅！」

在佳英的逼問下，舅舅只好抓著頭說：「啊，剛剛拍攝的時候，我實在太餓了。你們要知道，洞穴探險時，如果體力不足是很危險的，所以舅舅才會先吃了一點。哎呦，我沒有一個人吃光光啦，背包下面應該還有許多巧克力和零食。」

幸好，嘴饞的我把露營車內的零食，全裝入後背包內帶出來了，不然我們現在就要挨餓了。爸爸分給我們每個人一份水和巧克力棒，為了不讓巧克力棒掉下一點點屑屑，我還雙手捧著吃完。

天呀，巧克力棒居然是如此美味的食物！吃完巧克力棒後，有一段時間，都沒人開口說話，只聽見水滴的聲音。如果這只是夢，該有多好？但如果是夢的話，身體的反應未免也太真實了。

洞穴內並不是氣溫會突然降低或升高的地方，問題是溼度，身體最先產生反應的人——是我。

「爸爸，我覺得好冷，還一直流鼻水。」

爸爸把手放在我的額頭上，露出擔憂的表情說：「你應該是累了，加上剛才找蝙蝠糞便時摔倒，衣服都溼了。洞穴的溼度高，衣服很難自然乾，再這樣下去，可能會陷入『失溫症』的危險，快點換上乾衣服。還有，頭或脖子都是很容易散熱的部位，也要用毛巾圍起來保溫。」

說完，爸爸便從背包內拿出長袖的衣服，讓我趕緊換上。

「爸爸，什麼是『失溫症』？」我一邊換一邊問。

「嗯，『失溫症』是指體溫低於攝氏三十五度以下的狀態。長時間處於寒冷環境，就會出現發抖或肌肉僵硬的症狀，即使不是在寒冷的環境，像現在這樣穿著溼掉的衣服，也可能會發生失溫症。受困在洞穴內的時候，陷入失溫症的人，比想像還要多喔。」

果然如同爸爸所說的，換上乾衣服，也用毛巾包住頭和脖子之後，我感覺好很多了。

「來，大家背靠著背坐好。南極的企鵝為了挺過寒冷，也會成群緊挨著身體，這麼做可以維持彼此的體溫。還有啊，我只是順手帶了一樣東西，沒想到現在竟然派上了用場，就是塑膠袋！」

我們就像企鵝那樣背貼著背，圍坐在一起。接著，舅舅給我們每個人發了一個巨大的銀色塑膠袋。這個銀色塑膠袋的效果，比預期好太多了，不只能保溫、防水，還可以當成棉被使用。加上它的表面閃閃發光，非常顯眼，如果救援隊出現的話，也可以很快地發現我們。

全家人像這樣坐得如此靠近，不知是多久之前的事情了？爸爸和舅舅提醒我們盡可能地不要動，因為不能浪費體能。他們堅信一定會有人看到洞穴外面的露營車，然後進來援救我們。

我們完全不知道時間過去多久了，因為手機沒電，早就自動關機。就連可以推估時間的太陽光，也絲毫無法照進洞穴內。這時候，我們當中有人傳來抽泣的聲音，我以為是佳英，沒想到是舅舅在哭。

舅舅一邊流著鼻水，一邊哭泣著說：「姊夫，我長這麼大，還沒有談過戀愛；我的頻道雖然只有七十八個訂閱者，但是他們還等著我上傳新影片；下個週末，我還跟朋友約好要去打棒球……嗚嗚嗚！」

佳英拍了拍舅舅的背：「冷靜一點！一定會有人來救我們。要不然，就是雨停了之後，洞穴水位就會很快退去。船到橋頭自然直！不要擔心。」

真希望一切正如佳英所說，如果這時候能出現一條船，該有多好。我跟老天爺、佛祖、阿拉……以及所有我聽過的各方神明們，不斷地誠心祈禱，希望雨趕緊停。我甚至幻想著，像電影或漫畫那樣出現奇蹟，神燈精靈突然憑空冒出，幫助我們瞬間移動，回到洞穴入口。

原本專心在思考的爸爸，突然站了起來說道：「再這樣下去不行！不能再繼續坐著等待了。小舅子，我去找找看有沒有其他洞穴出口，你在這裡好好照顧孩子們。」

聽到爸爸這麼說，佳英趕緊擋住了爸爸：「不行！爸爸一個人去找的話，萬一發生什麼事情，該怎麼辦？就在這裡跟大家一起等吧。」

我的想法跟佳英相同，即使爸爸是特種兵出身，一個人去找出路，還是太危險了。

「對呀，爸爸。洞穴到處看起來都很像，很容易迷路的，萬一回不來，怎麼辦？」

爸爸看著背包內的東西，開口說：「我知道你們在擔心什麼。但是石灰岩洞穴會有好幾個洞口，除了我們剛才走進來的入口之外，找到其他入口的機率相當高。我只要把背包內的記號牌貼在牆壁上，就不用擔心迷路了。如果找不到其他出口的話，我就會循原路回來。」

我們一再叮嚀爸爸，如果看不到出路，一定要馬上返回。爸爸拍了好幾次我和佳英的肩膀，叫我們不用擔心，然後就大步地往洞穴內走去了。

「哥哥，爸爸會平安回來，我們會從這裡逃出去，對吧？」佳英用充滿擔憂的眼神問道。

「當然！我們再等一下下就好。」雖然我自信滿滿地回答，但其實內心也是一樣害怕和擔心。

「哥哥，你還有水吧？」過了好一會兒，佳英開口問道。

「水？沒有了，我剛才都喝光了。」我邊搖晃著空水瓶，邊說。

剛剛還在哭泣的舅舅，現在低垂著頭，像是睡著了，他應該也已經把水都喝光了，因為腳邊只剩空水瓶。佳英大概是口渴極了，竟蹲在水坑前，打算撈水喝。

「咦，那個水坑的水，可以直接喝嗎？」

舅舅被我的聲音嚇醒，一下子猛地站了起來說：

「哎呀，謝天謝地……我們還在這裡啊？」

「舅舅，不是啦。韓佳英打算喝那個水。」

這時，總算清醒過來的舅舅，一邊擦著嘴邊的口水一邊說：

「佳英，那個水不能喝！石灰岩洞穴內的水，含有許多石灰成分，過度攝取的話，會得膽結石症喔。」

佳英一臉失望，無力地走回來坐下。看來，她連頂嘴的力氣都沒有了，我從來沒看過這麼無精打采的韓佳英。我正想著以後一定要拿出來取笑她，佳英卻用手推了推我，說道：

「哥哥，是不是有聽到什麼聲音？」

聽到佳英這麼說，我們都屏住呼吸認真聽。好像從很遠的地方，真的傳來了嘈雜聲。舅舅突然站起來大聲喊：

這裡，在這裡！

我的天呀，遠處隱隱約約有一盞燈正在晃動，然後從一盞燈變成了兩盞、三盞、四盞、五盞。走在那些燈光前方的，是讓我們最自豪的爸爸！

「我去尋找有沒有其他出口時，在途中遇到了正在找尋失蹤者的救難人員，他們也在找我們。原先的入口因為雨水的關係，水位變高，已經無法從那邊進入，所以他們只好改由其他入口進來。幸好！我剛才離開去找出口時，一直順著同一個方向走，也有確實貼好標記，所以才可以很快地折返回來找你們。」

天呀，感謝神明！我以後一定會只做善事。

穿著潛水服的四名救難人員，往我們這邊走過來：「有沒有哪裡受傷了？」

「沒有，身體都沒事！但我差點以為自己會在這個洞穴內被關一輩子。嗚嗚嗚！」情緒激動的舅舅，又哭了起來。

「突然下起豪大雨，我們也非常慌亂。現在雨勢還沒有停，洞穴會繼續灌水進來。事不宜遲，大家必須馬上離開這裡。請相信我們，跟著我們撤離。」

救難人員拿了連帽潛水服給我們，同時要我們戴上全面罩和呼吸器，因為路程雖不長，但是有一段需要潛水。據說，這些救難裝備是

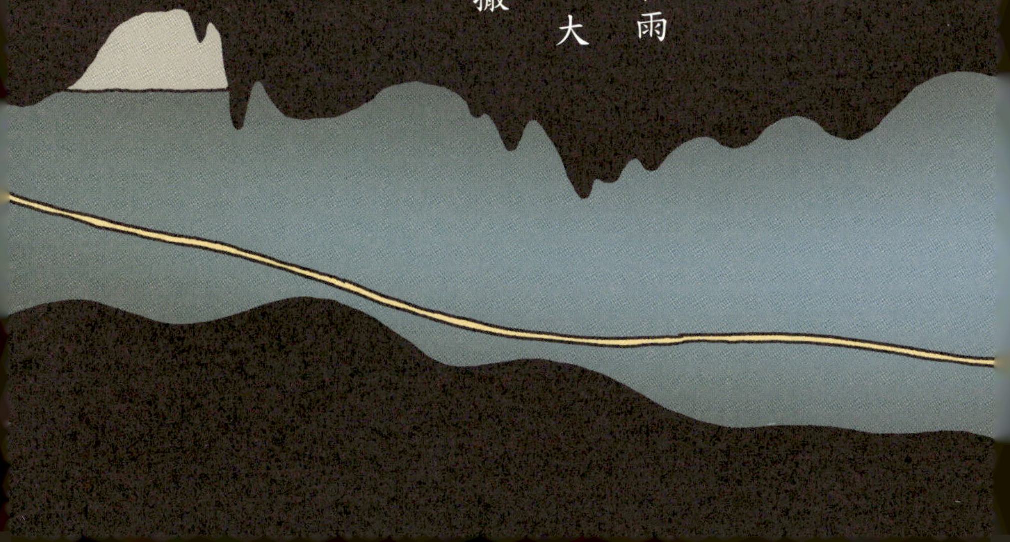

專門提供給我們這種非專業潛水者使用的，可以幫助我們呼吸。另外，還要背上長得像書包的浮力調節背心，有了這些專業設備，原本沉重不安的心，這下也稍微變得穩定了。

潛水的時候，其實什麼也看不見，只是拉著救難人員的手臂跟著往前走。為了不讓那條從入口處拉到這裡的繩索中斷，救難人員小心翼翼的緩慢行走，連站在一旁的我們，也能感受到謹慎戒備的氣氛。在這樣險惡的環境下，還能找到我們，真的連做夢也想不到啊。

救難人員一個人負責一位，依序把我們都拉到水坑外面。好不容易，終於走到可以看見洞外景物的出口時，在等待的許多車輛和人群中，我們看到滿臉焦慮的媽媽。

「媽媽！」

我正要全力奔向媽媽的懷抱時，哎呦！被舅舅搶先了一步。

「姊姊！我以為再也看不到妳了。嗚嗚嗚！」

哎呦，真是拿他沒辦法！舅舅才是真正的膽小鬼。

1
大家好，這是直播！我們被困在洞穴內，現在不知道過幾個小時了，為了留下真實紀錄，特意打開錄影機。
00:07
4k
2
受困在洞穴時，要避免「失溫症」，可用毛巾把臉和脖子包住，或者也可用塑膠袋把全身包起來。
3
洞穴內一片漆黑，如果沒有照明很危險。建議電力要儘可能節省使用，因為尋找出口時，也需要使用燈光。
喀噠！
4
出現分叉路時，千萬不可以每條路都想試。不管是左邊或右邊，決定之後，就必須冷靜行動。

5
決定要走的路線後，務必留下標記。洞穴內的路看起來很像，剛走過的路也可能會認錯。對了！在外觀奇特的石筍或石柱附近留下標記，也是個好方法。
6
洞穴內會出現俗稱『狗洞』的小通道，身體得趴著爬行才能通過，手臂和膝蓋有可能受傷，必須慢慢地往前爬，一、二，一、二！
7
咳咳！受困在洞穴內，會遇到很多艱難的事情。不過，最重要的是絲毫不動搖的心！應該就是正面思考吧！
8
舅舅！還有一件事更重要喔。
是什麼？
如果不想死的話，沒有專家陪同，絕對不可以進去洞穴！

《科學體驗報告》認識救援設備

年　　月　　日 星期

面罩

緊貼在臉部，可以防止眼睛入水，確保視野。

呼吸器

潛水時提供空氣。

繩索

從入口連接到救難地，在看不到前方的水中，能發揮確保方向的指向功能。

浮力調節背心

游泳時，通過充氣或消氣可以調整水中高度。

連帽潛水服

潛水時，可以維持體溫，也可以防止水中生物或汙染物質入侵身體。

真的差點大事不妙。雖然潛水的時間不長，但是在看不到前方的水中，基本上不可能找到方向。幸好有救難人員從洞穴入口拉過來的繩索，我們可以順著繩索慢慢移動，安全地成功逃脫出來。

連帽潛水服、浮力調節背心、呼吸器以及面罩，都是缺一不可的救援設備。救難人員告訴我們，這些平時潛水活動常用的裝備，在水中洞穴探險或逃脫時，都可能派上用場，扮演重要角色。

天啊！我居然真的在寫「沉浸式」的科學體驗報告書！

活下來真是太好了！救難人員們、救援設備們，謝謝你們。

真的——真的——非常謝謝！

結語

守護珍貴的洞穴生態

我們從洞穴露營回來之後，不知不覺已經過去一個多月了。

在這段日子，我在朋友間成了名人。因為我們從洞穴被救援出來的畫面，通過新聞在全國播放。有一陣子，來自四方八方的電話和訊息，簡直讓我跟佳英忙得不可開交。

開學那天，朋友們都聚在我身邊，好奇的問東問西，讓我連抽空去上廁所的時間都沒有。想想也是啦，被關在洞穴，然後被救出來的小孩，生活中能有幾位呢？

為了回答朋友們提出的各種洞穴問題，我只能半自願地開始深入學習洞穴。畢竟身為完成洞穴探險的人，如果被別人提問時，只會說：「是喔」、「那個我也……」，或是「你自己去看看」之類的話，實在是太漏氣了。

關於這一點，佳英似乎也是如此。我們兩個就像明天要考試的小孩，不得不認真準備，一放學就跑去附近的圖書館找資料。這麼一來，我們自然也不用另外特別去報名科學補習班了。

從此之後，爸爸也可以堂堂正正地開著露營車在週末去露營。現在我只要一想到受困在洞穴時，沉穩照顧大家的爸爸，內心依然感覺暖暖的。

至於我們的愛哭鬼舅舅？幸好他拍攝的影片都安然無恙！看來，即使一直在那邊嗚嗚哭泣，他還是有妥善地保護好相機。舅舅把拍到的畫面上傳分享，包括沒有眼睛的洞穴魚、黃金蝙蝠等，觀看次數馬上暴增，留言也非常多。

舅舅把這件事情當成契機，認知到做為發揮專業知識的科學YouTuber，應該要多多充實內在。他開始思考要如何用簡單易懂且有趣的方法，跟大家介紹科學；另一方面，也思考兼具實力和明星特質的YouTuber，到底應該具備哪些條件？

不過，訂閱人數已經超過七十八人了，真是太好啦。但是，舅舅一直吵著說下次露營場所要由他決定，讓我們每個人都很緊張。

啊！我呢？有生以來，第一次被《兒童日報》採訪。記者姐姐問了我許多問題，其中有些問題我答不出來。不過，將來我一定會帥氣地找到答案的。

然而就在不久之前，偶然間，我找到這個問題的答案了。

真的是非常偶然的契機，大約是上個週末的晚上吧？正在看新聞的佳英，突然大聲呼喊：「哥哥，快來看！」

佳英指著電視，主播正露出沉重的表情播報著新聞，螢幕上面有一排大字幕寫著「韓國石灰岩洞穴的悲鳴」。

什麼？居然有人進去洞穴，為了紀念就把鐘乳石和石筍咔嚓切

07 兒童日報

撰稿人 新聞稿

「在洞穴中活下來」主人公韓佳藍的兒童採訪

興福國小六年級
韓佳藍小朋友

韓佳藍小朋友一家人被困的洞穴

記者：最後一個問題，如果把時間拉回到露營之前，韓佳藍小朋友會做出哪種選擇呢？你還會去洞穴探險嗎？還是會阻止家人們去洞穴探險呢？

佳藍：嗯……我沒有想過這個問題。其實，我非常膽小，最討厭寒冷和捱餓，很多人把我形容成「宅男」。不過，也不能說人生首次的洞穴探險是完全沒有意義的。第一次進入洞穴，看到特別的洞穴生物，了解到洞穴其實也是許多動物們的家……怎麼說呢？這個問題好像太難了，我需要時間好好思考。

記者：看來，雖然遭遇到許多困難，但也同時獲得了許多體驗。最後的問題，我們就等佳藍小朋友慢慢整理思緒吧。

下來帶回家？即使電視新聞如此報導，我也依然無法相信。主播最後的結語是：「韓國的石灰岩洞穴已經千瘡百孔了！」這則報導就結束了。

「不可以讓洞穴再繼續被破壞下去了！」我像是下定決心地大聲說。

佳英也馬上接話：「沒

韓國的石灰岩洞穴，因為遊客缺乏保育觀念而受到破壞。我們拍到有人打著紀念品的幌子，偷偷採掘那些見證地球數千年歷史的鐘乳石和石筍，導致石灰岩洞穴內的鐘乳石數量明顯減少。讓我們把鏡頭交給現場的記者……
韓國石灰岩洞穴的悲鳴
專家呼籲「要盡快開始保護洞穴」

錯，哥哥！絕對不能讓我們親眼所見，而且切身感受過的洞穴，被這樣弄得亂七八糟。」

這是第一次，我跟佳英的想法如此一致。我提議可以通過學校內的活動、網路社群進行宣導，或是拜託之前兒童日報的記者姐姐幫忙等各種方法。

不過，比起那些點子，佳英的方法更直接，而且應該更快見效。

「啊！哥哥，我們怎麼沒想到還有這個方法呢？我們有舅舅呀！那個最近訂閱數暴增，成為人氣YouTuber之後，忙得不可開交的舅舅。他的頻道為什麼會大受歡迎？就是因為洞穴探險！我們去找舅舅一起幫忙。」

我們立刻打電話給舅舅，他也看到那則新聞了，氣憤地表示不會讓洞穴繼續被破壞。於是，我們立刻馬不停蹄地拍攝影片，講稿和照片資料的準備，也是我們一起完成。

一切的努力，都是為了向所有人介紹我曾經感受過的洞穴之美，希望大家可以一起保護洞穴生態，以及洞穴內的各種生物。

對了，上次我無法回答記者姐姐最後的問題，現在也有了答案，我打算在YouTube影片內直接回答：

「即使再來一次，我也一定會去洞穴探險，因為洞穴是告訴我未知世界的好老師。」

附錄1
千奇百怪的
洞穴景觀

石灰岩洞穴

幻仙洞穴

江原特別自治道三陟市新基面幻仙路800

◆

包含觀音洞穴、幻仙洞穴等的三陟大耳里洞穴地帶，已經被指定為天然紀念物第178號。其中幻仙洞是韓國規模最大，也最複雜的洞穴，最有名的景象是「夢幻瀑布」，目前洞穴還沒有完全被挖掘出來。

石灰岩洞穴

大金洞穴

江原特別自治道三陟市新基面幻仙路800

◆

是三陟大耳里洞穴地帶，風景最美的區域，有深不可測的湖水和溪水、散發金黃色光澤的鐘乳石和石筍，顯得相當神祕。位於洞穴內部，居然還有高達八公尺的瀑布，這些不可思議的壯觀景色，為人們帶來視覺震撼。

石灰岩洞穴

寧越高氏洞穴

江原特別自治道寧越郡金笠面津別里山262

◆

高氏洞穴是古代壬辰倭亂時，因高氏家族曾在此處避難而得名。高氏洞穴是韓國有名的觀光洞穴之一，由於內部結構非常複雜，據說還有很長的洞穴是屬於沒有對外開放的範圍。

石灰岩洞穴

丹陽蘆洞洞穴

忠淸北道丹陽郡丹陽邑蘆洞里山1 外23筆

◆

被指定天然紀念物。洞穴內是極為傾斜的垂直洞穴，所以一定要小心走，不要滑倒。這裡也可以看到壬辰倭亂時，居民們在此避難留下的陶瓷碎片等痕跡。

石灰岩洞穴

益山天壺洞穴

全北特別自治道益山市礪山面臺城里山21

◆

截至今日，這裡是韓國湖南地區唯一被發現的石灰岩洞穴。洞穴內的石筍和鐘乳石，形狀華麗多姿，導致人們心生貪念，擅自私採天然石的事件頻繁發生，目前是禁止進入的封閉狀態。

石灰岩洞穴

泉洞洞穴

忠清北道丹陽郡丹陽邑泉洞里山17-1

◆

入口十分窄小，經過施工之後，才開放人們進入參觀。雖然是全長不到300公尺的短洞穴，存在很多名為「花盤」和「鐘乳石石花」的等珍貴洞穴生成物，極具價值。

熔岩洞穴

萬丈洞穴

濟州特別自治道濟州市舊左邑萬丈窟街182

◆

跟金寧洞穴一起被指定為天然紀念物第98號。萬丈洞穴因全世界最長的熔岩洞穴而聞名，被聯合國教科文組織指定為世界遺產。

熔岩洞穴

金寧洞穴

濟州特別自治道濟州市舊左邑東金寧里山7外

◆

金寧洞穴和萬丈洞穴原本是同一個洞穴，後來因為頂部倒塌而分成兩個洞穴。兩處都隸屬於文岳熔岩洞系，據說以前有一條大蛇住在這個洞穴內，因此也被稱為「金寧蛇洞」。

熔岩洞穴

黃金洞穴

濟州特別自治道濟州市翰林邑翰林路300

◆

這是當地居民在貝砂層偶然發現的洞穴，目前被指定為天然紀念物第236號。洞穴內部懸掛著的鐘乳管，是黃金洞穴的特色。為了保護洞穴，目前是沒有開放民眾入內觀光。

熔岩洞穴

唐處物洞穴

濟州特別自治道濟州市舊左邑月汀里1457

◆

天然紀念物第384號，同時具備熔岩洞穴和石灰洞穴特徵的罕見洞穴，跟萬丈洞穴在相一個時期形成的熔岩洞穴，由於石灰水的堆積，進而有了第二次生成物。因為盜洞賊過分猖獗，內部被嚴重破壞，實在令人感到惋惜。

熔岩洞穴

挾才窟

濟州特別自治道濟州市翰林邑翰林路300

◆

被指定為天然紀念物第236號。雖然是熔岩洞穴，但內部熔岩鐘乳和熔岩石筍非常多，令人聯想到石灰岩洞穴。根據牆面紋路，還形成許多鐘乳管。

熔岩洞穴

龍泉洞穴

濟州特別自治道濟州市舊左邑月汀里1837-2

◆

2005年韓國電力公司在更換電線桿時偶然挖到的洞穴，同時擁有熔岩洞穴和石灰洞穴的獨特景觀，世界各國的洞穴專家譽為「世上最美的熔岩洞穴」。為了保留自然樣貌，專家們正努力阻止外力介入。

海蝕洞穴

獨島
三兄弟洞穴

慶尚北道鬱陵郡鬱陵邑獨島里

◆

位於獨島西島東北方。三個方向的海蝕洞穴彼此相聚於同一個點，因此被命名為「三兄弟洞穴」。高達44公尺，由於海浪有鹽分，使得洞穴內外都沒有植被。

海蝕洞穴

江口海岸
雙海蝕洞穴

仁川廣域市甕津郡北島面長峯里

◆

仁川江口海岸由於海蝕懸崖和海蝕平臺的關係，形成特別的海蝕洞穴。入口相當寬敞，據說一次最多可以讓20至30名成年人進入。其中有一個洞穴長得很像恐龍，因此也被稱為「恐龍洞穴」。

附錄2

臺灣的
洞穴地形

海蝕洞穴

1. 石門洞
2. 基隆仙洞巖、佛手洞
3. 蕃字洞：和平島公園內
4. 象鼻岩：2023年已因海蝕風化斷裂
5. 宜蘭一線天海蝕洞：北關海潮公園內
6. 花蓮石門麻糬洞：國際導演馬丁．史柯西斯電影《沉默》在此取景拍攝而聞名
7. 臺東八仙洞：為舊石器時代長濱文化的代表地景，於2006年被指定為國定遺址
8. 高雄柴山海蝕洞：壽山國家自然公園內
9. 小琉球烏鬼洞、龍蝦洞、美人洞
10. 綠島彎弓洞（情人洞）、藍洞、燕子洞
11. 蘭嶼五孔洞、情人洞
12. 澎湖風櫃洞：導演侯孝賢電影《風櫃來的人》在此取景拍攝而得名
13. 鯨魚洞（小門嶼）
14. 藍洞（西吉嶼）

石灰岩洞穴

1. 月洞
2. 觀音洞
3. 天靈洞、石母乳岩洞（大崗山）
4. 天人洞（小崗山）
5. 猩猩洞、天雨天財洞、北峰極樂洞、金瓜洞：壽山國家自然公園內，每年11月到隔年4月開放申請探洞
6. 仙洞、銀龍洞、石筍寶穴：墾丁國家公園內，其中仙洞全長127公尺，為全臺最長石灰岩洞

熔岩洞穴

臺灣無此地形。

作者簡介

高曙智

2010年開始擔任國小教師，致力於讓課本中的知識以有趣且扎實的方式融入孩子們的日常生活。為了寫出能打動兒童和青少年的作品，她在「JY說故事學院」學習專為兒童和青少年創作書籍的技巧。出版作品包括《我們的祖先是如何守護地球的？》和《便利店搶劫計劃！人體篇》（以上皆為直譯）。

繪者簡介

趙勝衍

畢業於弘益大學美術專業，並在法國南錫Beaux Arts進修插畫。目前活躍於兒童繪本插畫領域。曾繪製的作品包含《叛逆家庭》、《博物館尋找犯人的推理書》、《未來來了——腦科學》、《放學後超能力俱樂部》和《狗狗魔法師庫奇與星期天的炸豬排》。此外，他還參與了《數學偵探》（以上皆為直譯）、《科學小偵探》和《小醫師復仇者聯盟》等系列的繪畫工作。

譯者簡介

劉小妮

喜歡閱讀，更喜歡分享文字。目前積極從事翻譯工作。譯作有：《願望年糕屋1~3》、《強化孩子正向韌性心理的自我對話練習》、《這世界很亂，你得和女兒談談性：不尷尬、不怕問，性教育專家改變女兒人生的50個對話》等。

資料照片提供

181頁　幻仙洞穴，大金洞穴：三陟市

182頁　寧越高氏洞穴，丹陽蘆洞洞穴：韓國民族文化大百科

183頁　益山天壺洞穴：文化遺產廳

183頁　泉洞洞穴：韓國民族文化大百科

184頁　萬丈洞穴，金寧洞穴：韓國民族文化大百科

185頁　黃金洞穴，唐處物洞穴：文化遺產廳

186頁　挾才窟：韓國民族文化大百科

186頁　龍泉洞穴：聯合通訊

187頁　雙海蝕洞穴：甕津郡

知識館037

【出發吧！科學露營車 1】

洞穴地質與生態

캠핑카사이언스：동굴탐험편

作者	高㥠智（고은지）
繪者	趙勝衍（조승연）
譯者	劉小妮
專業審訂	施政宏（國立彰化師範大學工業教育與技術學系博士）
語文審定	張銀盛（臺灣師大國文碩士）・陳資翰（臺北市立大學歷史與地理學系）
封面設計	張天薪
內文排版	李京蓉
責任編輯	洪尚鈴
童書行銷	蔡雨庭・黃安汝
出版一部總編輯	紀欣怡

出版發行	采實文化事業股份有限公司
執行副總	張純鐘
業務發行	張世明・林踏欣・林坤蓉・王貞玉
國際版權	劉靜茹
印務採購	曾玉霞
會計行政	許俽瑀・李韶婉・張婕莛
法律顧問	第一國際法律事務所　余淑杏律師
電子信箱	acme@acmebook.com.tw
采實官網	www.acmebook.com.tw
采實臉書	www.facebook.com/acmebook01
采實童書粉絲團	https://www.facebook.com/acmestory/

ISBN	978-626-349-920-1
定價	399元
初版一刷	2025年4月
劃撥帳號	50148859
劃撥戶名	采實文化事業股份有限公司
	104 臺北市中山區南京東路二段 95號 9樓
	電話：02-2511-9798　傳真：02-2571-3298

國家圖書館出版品預行編目(CIP)資料

出發吧!科學露營車. 1, 洞穴地質與生態/高㥠智作；劉小妮譯. -- 初版. -- 臺北市：采實文化事業股份有限公司, 2025.04
192面；14.8×21公分. -- (知識館；37)
譯自：캠핑카사이언스：동굴탐험편
ISBN 978-626-349-920-1(精裝)
1.CST: 科學 2.CST: 通俗作品
307.9　　114000640

線上讀者回函

立即掃描 QR Code 或輸入下方網址，連結采實文化線上讀者回函，未來會不定期寄送書訊、活動消息，並有機會免費參加抽獎活動。

https://bit.ly/37oKZEa

采實出版集團 ACME PUBLISHING GROUP